ISSN 0021-1915

17. JAHRGANG · SEITEN 269—300 · BERLIN JULI 1981

IPRAX 17 17 (7) 269—300 (1981)

32036

7

isotopenpraxis

EVP 9,— M

AKADEMIE-VERLAG

An unsere Autoren

Die Zeitschrift veröffentlicht Beiträge zu folgenden Themen: Kontrolle und Analyse radioaktiver und stabiler Isotope, Anwendung radioaktiver und stabiler Isotope in allen Gebieten der Forschung und Technik, der Industrie, Landwirtschaft und Medizin, Herstellung radioaktiver und stabiler Isotope sowie von markierten Verbindungen, kernelektronische Geräte für die Isotopenanwendung (Dickenmesser, Dichtemesser u. ä.) Detektoren für isotopentechnische Arbeiten und den Strahlenschutz in Isotopenlaboratorien, Meßtechnik und Strahlenschutz, Dosimetrie in Isotopenlaboratorien, kerntechnische Geräte für die Isotopenanwendung (Beton, Bestrahlungsanlagen u. ä.), Strahlenchemie, Radiochemie, ökonomische und perspektivische Fragen, Fragen der Weiterbildung.

1. Aufnahme von Manuskripten

Zur Veröffentlichung angenommen werden nur durckreife, noch nicht anderweitig publizierte Beiträge in deutscher, englischer oder russischer Sprache zum Themenbereich der Zeitschrift und zwar

Originalarbeiten
Kurze Originalmitteilungen
Aus der Praxis
Zusammenfassende Berichte
Tagungsberichte
Informationen.

Sind der Beitrag oder Teile daraus bereits veröffentlicht oder ist eine anderweitige Veröffentlichung vorgesehen, so muß dies der Redaktion mit genauer Angabe der Zweitveröffentlichung mitgeteilt werden. Mit der Annahme des Manuskriptes behält sich der Verlag das Recht der Vervielfältigung, Verbreitung und Übersetzung innerhalb der gesetzlichen Schutzfrist vor. Auszugsweiser Nachdruck oder photomechanische u. a. Wiedergabe sind an eine schriftliche Genehmigung des Verlages gebunden. Manuskripte. Zeichnungen und Photos von veröffentlichten Arbeiten werden nur auf den besonderen und bis zum Zeitpunkt der Veröffentlichung mitgeteilten Wunsch des Autors zurückgesandt.

Bei der unverlangten Einreichung von Manuskripten wird empfohlen, eine Befürwortung eines der Herausgeber oder Redaktionsausschußmitglieder beizufügen.

Manuskripte sind einzureichen bei der Redaktion, DDR-1080 Berlin, Leipziger Str. 3—4.

2. Form der Manuskripte

Die Autoren werden gebeten:

2 Manuskripte, eines davon in Original-Maschinenschrift, einseitig und mit 2zeiligem Abstand einzureichen; gut leserliche Photokopien sind zulässig; auf dem 1. Blatt (unter Weglassung der Bezeichnung)

den Titel der Arbeit
Vorname-Initialen und Namen sämtlicher Autoren
gegebenenfalls die Institution, in der sie tätig sind
eine kurze Zusammenfassung der Arbeit von höchstens 15 Zeilen
Keywords in alphabetischer Reihenfolge und
als Fußnote die Anschrift der Institution anzugeben;

wenn möglich auf gesonderten Blättern Namen, Titel der Arbeit und Zusammenfassung in den beiden anderen obengenannten Sprachen 2fach beizufügen:

Literaturhinweise (fortlaufend numeriert), Fußnoten, Tabellen, Abbildungen (in etwa 2facher Veröffentlichungsgröße), Abbildungsunterschriften (getrennt von den Abbildungen, mit Zeichenerklärungen, Quellenangaben, falls erforderlich, und gegebenenfalls mit einem Vermerk für besondere Wünsche bezüglich der Abbildungsgröße), private und Dienstanschrift der Verfasser mit akademischen Titeln und ausgeschriebenen Vornamen auf besonderen Blättern ans Ende des Manuskriptes zu stellen;

Wünsche für den Kolumnentitel (Seitenüberschrift) bekanntzugeben;

Absätze durch Einzüge von mindestens 3 Anschlägen kenntlich zu machen;

die Maßeinheiten des SI-Systems ("Systéme International") zu verwenden;

Korrekturen im Manuskript unmittelbar an der zu korrigierenden Stelle anzubringen;

Formeln deutlich lesbar und möglichst groß einzutragen;

Farbabbildungen und nachträgliche Änderungen oder Ergänzungen in Abbildungen zu vermeiden;

hervorzuhebende Textstellen zu unterstreichen, und zwar halbfetten Satz mit einer geraden schwarzen Linie, kursiven Satz (Schrägschrift) mit einer blauen Wellenlinie (alle Eigennamen). Sperrungen gestrichelt;

besondere Buchstaben durch farbige Unterstreichung zu kennzeichnen, und zwar Formelzeichen in

Griechisch-Kursiv ($\alpha, \beta, \ldots$) rot,
Kursiv (A, B, ...) blau
halbfetter Kursiv ($\boldsymbol{A}, \boldsymbol{B}, \ldots$) 2 Linien blau (Vektoren),
halbfetter Grotesk (**A, B**, ...) 2 Linien violett (Tensoren);

bei Literaturangaben auf Vollständigkeit zu achten. In nachstehender Reihenfolge müssen angegeben sein:

a) bei *Zeitschriften*: Vorname-Initialen und Namen sämtlicher Autoren, Titel der Zeitschrift (nach „Periodica Chimica" oder möglichst wenig gekürzt), Bandnummer (unterstrichen), Jahreszahl (in Klammern), Heftnummer (nur bei Zeitschriften, die jedes Heft mit S. 1 beginnen) sowie die Seitenzahl, auf der die zitierte Arbeit beginnt.

b) bei *Büchern*: Initialen der Vornamen und Name des Autors (Herausgeber werden durch den Zusatz „ed." gekennzeichnet), voll ausgeschriebener Titel des Buches in der Originalsprache, evtl. Bandnummer, voll ausgeschriebener Name des Verlages, Nummer der Auflage (außer der ersten), Erscheinungsort(e), Erscheinungsjahr (hier nicht in Klammern setzen!) und evtl. Kapitelnummer, Seitenzahl u. ä.

c) bei *Sammelbänden*, *Tagungsberichten*: Es soll zusätzlich der Titel des zitierten Beitrags angegeben werden. Die Seitenzahl muß unbedingt angegeben werden. Aus dem Zitat muß hervorgehen, ob es sich um einen Tagungssammelband oder um einen noch nicht veröffentlichten Vortrag handelt. Zwischen Tagungsort und Erscheinungsort des entsprechenden Tagungsberichts ist zu unterscheiden.

3. Korrekturen

Der Autor erhält zwei Umbruchabzüge, von denen einer möglichst schnell korrigiert an die Redaktion zurückgereicht werden soll. Auf Wunsch des Autors kann die Korrektur auch von der Redaktion geelesen werden.

Durch nachträgliche Manuskriptänderungen verursachte Korrekturkosten gehen, sofern sie 10% der Satzkosten übersteigen zu Lasten des Autors.

Der Autor erhält 50 Sonderdrucke kostenlos Weitere Sonderdrucke können bis zur Rückgabe der Korrekturabzüge auf Kosten des Autors bei der Redaktion bestellt werden.

Bezugsmöglichkeiten

Bestellungen sind zu richten

— **in der DDR** an den Postzeitungsvertrieb; an eine Buchhandlung oder an den AKADEMIE-VERLAG, DDR-1080 Berlin, Leipziger Straße 3—4
— **im sozialistischen Ausland** an eine Buchhandlung für fremdsprachige Literatur oder an den zuständigen Postzeitungsvertrieb
— **in der BRD und Berlin(West)** an eine Buchhandlung oder an die Auslieferungsstelle KUNST UND WISSEN, Erich Bieber OHG, D-7000 Stuttgart 1, Wilhelmstraße 4—6
— **in den übrigen westeuropäischen Ländern** an eine Buchhandlung oder an die Auslieferungsstelle KUNST UND WISSEN, Erich Bieber GmbH, CH-8008 Zürich/Schweiz, Dufourstraße 51
— **im übrigen Ausland** an den Internationalen Buch- und Zeitschriftenhandel; den Buchexport, Volkseigener Außenhandelsbetrieb der Deutschen Demokratischen Republik, DDR-7010 Leipzig, Postfach 160; oder an den AKADEMIE-VERLAG, DDR-1080 Berlin, Leipziger Straße 3—4

Zeitschrift „Isotopenpraxis"

Herausgeber: Im Auftrag des Akademie-Verlages herausgegeben von Prof. Dr. Justus Mühlenpfordt und Prof. Dr. Carl Friedrich Weiss
Verlag: Akademie-Verlag, DDR-1080 Berlin, Leipziger Straße 3—4; Fernruf: 2236221 oder 2236229; Telex-Nr.: 114420;
Bank: Staatsbank der DDR, Berlin, Kto.-Nr.: 6836-26-20712
Chefredakteur: Dr. Klaus Uhlig, Berlin
Anschrift der Redaktion (Fernruf: 6351177) der Zeitschrift Isotopenpraxis: Akademie-Verlag, DDR-1080 Berlin, Leipziger Str. 3—4
Veröffentlicht unter der Lizenznummer 1527 des Presseamtes beim Vorsitzenden des Ministerrates der Deutschen Demokratischen Republik
Gesamtherstellung: VEB Druckerei „Thomas Müntzer", DDR-5820 Bad Langensalza
Erscheinungsweise: Die Zeitschrift „Isotopenpraxis" erscheint monatlich. Die 12 Hefte eines Jahrganges bilden einen Band. Bezugspreis je Band 180,— M zuzüglich Versandspesen (Preis für die DDR 108,— M) Preis je Heft 15,— (Preis für die DDR 9,— M)
Bestellnummer dieses Heftes: 1079/17/7

AN (EDV) 12831

ISOTOPENPRAXIS ISSN 0021-1915

Band **17** (1981) Heft 7, S. 269–300

Redaktion und Verlag: Akademie-Verlag, Redaktion Isotopenpraxis, 1080 Berlin, Leipziger Straße 3–4

Inhaltsverzeichnis

Originalarbeiten

(Fortsetzung des Inhaltsverzeichnisses auf der Rückseite des 2. gelben Blattes)

ISOTOPENPRAXIS

Band **17** (1981) Heft 7, S. 269 – 300

Redaktion und Verlag: Akademie-Verlag, Redaktion Isotopenpraxis, 1080 Berlin, Leipziger Straße 3 – 4

Contents

Articles

Содержание

Статьи

Berechnung der Dosis in Apparaten zur Abtrennung von Spaltprodukten und Transplutoniumelementen aus der Abfallösung des Purex-Prozesses

M. Richter

(Akademie der Wissenschaften der DDR, Zentralinstitut für Isotopen- und Strahlenforschung Leipzig)[1]

Bei der Abtrennung von Spaltprodukten und Transuranen aus der Abfallösung des Purex-Prozesses ist auch dann, wenn die Lösung mehrere Jahre gelagert wurde, die Aktivität noch so hoch, daß die auf die Trennmittel einwirkende Strahlendosis für die Auslegung der Apparate und Verfahren berücksichtigt werden muß. Dabei treten Unterschiede gegenüber den bisherigen Arbeiten, die sich auf den Purex-Prozeß beziehen, dadurch auf, daß neben Extraktionsprozessen auch die Fest-Flüssig-Trennung eine Rolle spielt und daß die hochaktiven Komponenten zum Teil selbst am Stoffübergang teilnehmen. Unter Berücksichtigung dieser Besonderheiten werden Beziehungen zur Berechnung der Strahlendosis, welche das Trennmittel erhält, abgeleitet. An einigen Beispielen wird die Anwendung der Beziehungen demonstriert, und es werden Schlußfolgerungen für die technologische Gestaltung der Anlagen gezogen.

Keywords

fission products; purex process; radiation doses; radioactive waste facilities; radioactive waste processing; transplutonium elements

Die Abfallösung, die bei der Wiederaufbereitung von Kernbrennstoffen mittels Extraktionsverfahren (Purex-Prozeß) anfällt, enthält auch eine Reihe von Spaltprodukten, deren Abtrennung volkswirtschaftlich sinnvoll erscheint [1, 2]. Bei der Konzipierung derartiger Trennverfahren geht man davon aus, daß der Kernbrennstoff bzw. die Abfallösung etwa 5 Jahre abgelagert sind. Trotzdem ist die Gesamtaktivität der zu verarbeitenden Lösung noch so hoch, daß der Einfluß der Strahlendosis auf die zur Durchführung der Trennung benötigten Stoffsysteme beachtet werden muß. Je nach Art der Trennoperation und dem Apparatetyp unterscheiden sich die Beiträge zur Gesamtdosis, welche von den verschiedenen Arten der Strahlung herrühren. Es ist deshalb notwendig, diesen Einfluß abzuschätzen und die Apparate auch unter dem Gesichtspunkt der minimalen Dosisleistung zu optimieren. Außerdem ist die Kenntnis der Dosisleistung im Apparat notwendig, um die Ergebnisse von Strahlenresistenzuntersuchungen der Substanzen in Bestrahlungsanlagen auf die realen Trennprozesse übertragen zu können. Die bisherigen Abschätzungen dieser Art beziehen sich meistens auf den ersten Extraktionszyklus im Purex-Prozeß, wobei der Einsatz unterschiedlicher Kernbrennstoffe betrachtet wurde [3—8]. Bei der Spaltproduktabtrennung treten jedoch Unterschiede dadurch auf, daß neben Extraktionsprozessen auch Fest-Flüssig-Trennprozesse (Adsorption, Ionenaustausch) eine große Rolle spielen, daß bestimmte Komponenten mit hoher Aktivität am Stoffaustausch teilnehmen und daß die Zusammensetzung und Konzentration der Lösung infolge der längeren Lagerzeit und eventuell notwendiger Vorstufen anders ist als bei der Wiederaufarbeitung.

Berechnung der Energiedichte

Die Abfallösung enthält α-, β- und γ-Strahler. Tab. 1 gibt eine Übersicht über die Nuklide und ihre ungefähre Konzentration, welche bei der Aufarbeitung eines Brennstoffs mit 25000 MWd/t Abbrand und einer Lagerzeit von 5 Jahren in der Abfallösung auftreten und wesentliche Beiträge zur Gesamtaktivität der Lösung liefern [1, 9, 10].

Es ist auch möglich, daß die Abfallösung in einer etwa 10fach konzentrierten Form anfällt [11]. Andere Komponenten spielen für die Abschätzung der Dosisleistung keine Rolle.

Um die Dosis berechnen zu können, muß zuerst die Energie berechnet werden, welche in einem Volumenelement der Lösung durch den radioaktiven Zerfall freigesetzt wird. Diese Energiedichte $\left(\frac{\mathrm{d}E}{\mathrm{d}V}\right)$ ergibt sich für alle drei Strahlungsarten wie folgt:

$$\left(\frac{\mathrm{d}E}{\mathrm{d}V}\right)_{\mathrm{x}} = 1{,}602 \cdot 10^{-13} \cdot \sum_{i=1}^{n} \left(A_{\mathrm{x}i} \cdot \sum_{j=1}^{k_i} E_{\mathrm{x}ij} \cdot f_{\mathrm{x}ij}\right) \left[\frac{W}{\mathrm{l}}\right] \quad (1)$$

Hierbei ist $A_{\mathrm{x}i}$ die spezifische Aktivität (in Bq/l) des Nuklids i, welches die Strahlungsart x (α, β oder γ) aussendet. $E_{\mathrm{x}ij}$ ist die Energie in MeV, welche das Nuklid i beim Zerfall nach dem j-ten Zerfallsweg aussendet, und $f_{\mathrm{x}ij}$ gibt die Intensität dieses Zerfalls an ($0 \leqq f_{\mathrm{x}ij} \leqq 1$).

Für β-Strahler wird für $E_{\mathrm{x}ij}$ die mittlere Energie eingesetzt. Bei α- und β-Strahlung wird bei genügend großem Volumen praktisch die gesamte freigesetzte Energie in diesem Volumen sorbiert. Die Reichweite der α-Teilchen beträgt in wäßrigen Lösungen etwa $5 \cdot 10^{-2}$ mm bei einer Teilchenenergie von 5 MeV. Die maximale Reichweite der β-Teilchen liegt bei 1 bis 2 cm. Bei den üblichen Apparatevolumen für Pilot- und technische Anlagen läßt sich deshalb die aus den Randgebieten nach außen dringende Strahlung vernachlässigen [4].

Bei γ-Strahlung sind die Verhältnisse jedoch anders. Hier wird nur ein Bruchteil der freigesetzten Strahlungsenergie in dem betreffenden Volumenelement absorbiert. Andererseits erhöht sich der Energiefluß in dem Volumenelement dadurch, daß auch Strahlung aus den Nachbarbezirken einfällt. Diesen Effekt kann man dadurch erfassen, daß man versucht, den Selbstabsorptionsfaktor abzuschätzen. Dieser Koeffizient beträgt für eine Kugel mit dem Durchmesser d, in welcher der radioaktive Stoff gleichmäßig verteilt ist,

$$A_\gamma \approx 1 - \frac{1}{\mu \cdot d}\left(1 - e^{-\mu d}\right) \quad (2)$$

μ ist der lineare Absorptionskoeffizient des Stoffsystems

[1]) Anschrift: 7050 Leipzig, Permoserstr. 15

Tab. 1. Konzentration der Nuklide einer Abfallösung, welche wesentlich zur Gesamtaktivität beitragen (Abbrand: 25000 MWd/t, Lagerzeit: 5 a)

Nuklid	Halbwertszeit	α-Energie MeV	mittlere β-Energie MeV	γ-Energie (mit Intensitätsangabe) MeV	Konz. in Lösung g/l	spezif. Aktivität Bq/l	Bemerkungen
^{90}Sr	28 a	—	0,2	—	0,16	$8{,}4 \cdot 10^{11}$	
^{90}Y	64 h	—	0,93	—		$8{,}4 \cdot 10^{11}$	Tochter von ^{90}Sr
^{106}Ru	1 a	—	1,43 (v. ^{106}Rh)	0,511 (21%) 0,622 (9,9%) } v. ^{106}Rh	0,0016	$2{,}0 \cdot 10^{11}$	
^{134}Cs	2,1 a	—	0,16	0,563 (8,87%) 0,569 (15,9%) 0,604 (98%) 0,795 (86,5%) 0,876 (8,76%)	0,008	$3{,}7 \cdot 10^{11}$	
^{137}Cs	30 a	—	0,18	0,032 (5,7%) 0,661 (85,1%) v. ^{137m}Ba	0,37	$1{,}2 \cdot 10^{12}$	
^{144}Ce	285 d	—	0,08	0,133 (10,8%)	0,001	$1{,}1 \cdot 10^{11}$	
^{144}Pr	13,3 min	—	1,21	0,696 (1,47%) 2,18 (0,73%)		$1{,}1 \cdot 10^{11}$	Tochter von ^{144}Ce
^{154}Eu	16 a	—	0,25	0,123 (39,4%) 0,247 (6,8%) 0,591 (5,2%) 0,723 (21,2%) 0,756 (4,61%) 0,873 (12,4%) 0,996 (10,7%) 1,005 (18,7%) 1,274 (35,4%) 1,494 (0,67%) 1,596 (1,75%)	0,01	$1{,}4 \cdot 10^{11}$	
^{241}Am	458 a	5,48	—	0,014 (13,5%) 0,017 (18,4%) 0,060 (35,9%)	0,03	$3{,}6 \cdot 10^{9}$	
^{244}Cm	18 a	5,80	—	—	0,001	$3 \cdot 10^{9}$	

Bei einer Lösung der in Tab. 1 gegebenen Zusammensetzung liefern ^{134}Cs und ^{137}Cs den wesentlichsten Anteil zur freigesetzten γ-Energie. Für Kohlenwasserstoffe läßt sich deshalb für den mittleren linearen Absorptionskoeffizienten bei einer Dichte von $\varrho \approx 1$ g/cm³ der Wert $\mu \approx 0{,}08$ cm^{-1} ansetzen. Für ein zylinderförmiges Volumen, bei dem Höhe und Durchmesser gleich d sind, sind die Werte A_γ mit dem Faktor 1,05 zu multiplizieren [4]. Ist die Zylinderhöhe sehr viel größer als der Durchmesser, so muß für d ein Wert angesetzt werden, der etwa 25% größer als der Kolonnendurchmesser ist. Der Faktor A_γ erlaubt es, die spezifische γ-Dosisleistung abzuschätzen:

$$\dot{D}_\gamma = A_\gamma \cdot \left(\frac{dE}{dV}\right)_\gamma \cdot \frac{1}{\varrho}\left[\frac{\text{Gy}}{\text{s}}\right] \quad (3)$$

Die Dichte ϱ muß in kg/l eingesetzt werden.

Aus Abb. 1 sind für verschiedene d-Werte die A_γ-Werte für eine Lösung, welche die in Tab. 1 genannten aktiven Komponenten enthält, zu entnehmen.

Die γ-Dosisleistung läßt sich auch auf zwei anderen Wegen abschätzen. Man kann dazu die Beziehung

$$\dot{D} = 1000 \cdot \frac{\eta}{\varrho} \cdot \psi \left[\frac{\text{Gy}}{\text{s}}\right] \quad (4)$$

benutzen, wobei ψ in W/cm² und η/ϱ in cm²/g eingesetzt werden.

Die Energieflußdichte ψ ist die Summe der Energie aller Photonen, die in ein Kügelchen mit der Querschnittsfläche

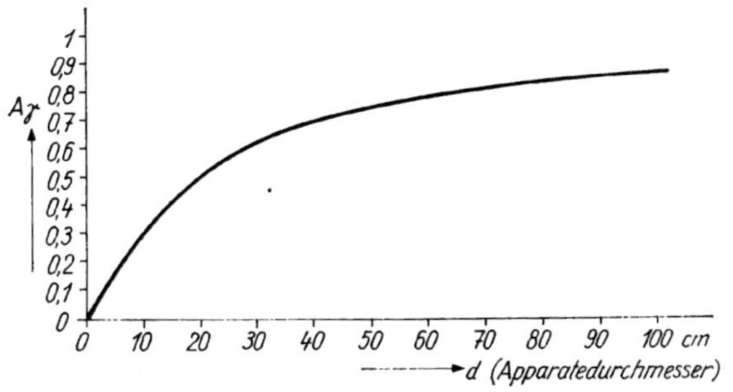

Abb. 1. γ-Absorptionsfaktor A_γ als Funktion des Apparatedurchmessers d für eine Lösung der in Tab. 1 gegebenen Zusammensetzung

da in der Zeit dt eintreten. ψ läßt sich unter Berücksichtigung der Massenabsorptionskoeffizienten aus der Energiedichte abschätzen. η/ϱ ist der Massenenergieübertragungskoeffizient, der sich vom Massenabsorptionskoeffizienten μ/ϱ dadurch unterscheidet, daß er den Intensitätsverlust durch Streuung nicht enthält.

Eine weitere Abschätzung der γ-Dosis läßt sich mit Hilfe der Dosiskonstanten Γ durchführen. Für eine Punktquelle der Aktivität A ergibt sich im Abstand r eine Expositionsdosisleistung von

$$\dot{D}^*_\gamma = \frac{A}{r^2} \cdot \Gamma \quad (5)$$

Denkt man sich das Gesamtvolumen in eine Vielzahl von Punktquellen zerlegt und integriert über den Raum, so erhält man schließlich unter Berücksichtigung der Absorption der Strahlung

$$\dot{D}^*_\gamma = 4\pi \frac{1 - e^{-\mu d}}{\mu} \sum_{i=1}^{n} \Gamma_i \cdot A_i \left[\frac{C}{\text{kg} \cdot \text{s}}\right] \tag{6}$$

wenn man Γ_i in C · cm²/ kg · Bq · s, A_i in Bq/cm³ und μ in cm⁻¹ einsetzt.

Nimmt man an, daß für die Trennmittel etwa gleiche Beziehungen zwischen Expositions- und Energiedosis bestehen wie im Muskelgewebe, so folgt

$$\dot{D}_\gamma = 148{,}8 \cdot \pi \frac{1 - e^{-\mu d}}{\mu} \sum_{i=1}^{n} \Gamma_i \cdot A_i \left[\frac{\text{Gy}}{\text{s}}\right] \tag{7}$$

Führt man für einen gegebenen Apparatetyp die Abschätzung der γ-Dosisleistung mit den Beziehungen (3), (4) oder (7) durch, so erhält man etwa die gleichen Ergebnisse.

Abschätzung der Gesamtdosis in verschiedenen Apparatetypen

Im folgenden sollen für einige wichtige Apparatetypen Beziehungen abgeleitet werden, welche es gestatten, aus der Energiedichte der radioaktiven Lösung die Dosis zu berechnen, welche die als Trennmittel benutzte zweite Phase erhält. Dabei ist es auch wichtig zu unterscheiden, ob ein Teil der radioaktiven Komponenten am Stoffübergang teilnimmt oder nicht.

Im Mittelpunkt der Überlegungen stehen die Apparate für Extraktions- und Ionenaustausch- bzw. Adsorptionsprozesse, welche für die Spaltprodukttrennung von besonderer Bedeutung sind.

Extraktionsapparate

a) Differentialextraktoren

Für die Durchführung von Gegenstromextraktionsprozessen unter heißen Bedingungen werden oft Pulsationsextraktoren eingesetzt, da sie eine gute Trennleistung besitzen und nur wenig störanfällig sind. Die folgenden Abschätzungen gelten aber auch für andere Kolonnenextraktoren, bei denen eine der beiden Phasen dispergiert wird und beide Phasen sich infolge der Dichteunterschiede im Gegenstrom bewegen. (*Oldshue-Rushton*-Kolonnen, Drehscheibenextraktoren u. a.). Die mittlere Tropfengröße in derartigen Apparaten liegt bei einigen mm. Sie ist damit kleiner als die Reichweite der β-Strahlung, und man kann näherungsweise annehmen, daß unabhängig davon, ob die wäßrige oder die organische Phase dispergiert wird und ob die β-aktiven Komponenten extrahiert werden oder nicht, die β-Dosis im gesamten Apparatevolumen gleichverteilt ist. Die Anwesenheit der organischen Phase verringert jedoch entsprechend dem hold-up die auf das Apparatevolumen bezogene spezifische Aktivität der Lösung.

Für γ-Strahler trifft natürlich das gleiche zu. Bei α-Strahlern liegt die Reichweite jedoch nur bei etwa 0,05 mm. Nur der Volumenanteil eines Tropfens an aktiver Lösung, welcher unmittelbar an der Phasengrenze liegt, trägt zur Dosis bei, welche die zweite Phase erhält, falls die α-Strahler nicht am Stoffübergang teilnehmen. Bei einem mittleren Tropfenradius r beträgt der Anteil der α-Energiedichte, welcher in der zweiten Phase sorbiert wird:

$$A_\alpha = 0{,}25 \left(\frac{0{,}15}{r} - \frac{7{,}5 \cdot 10^{-3}}{r^2} + \frac{3{,}75 \cdot 10^{-4}}{r^3}\right); \quad r \geqq 0{,}05 \quad (r \text{ in mm}). \tag{8}$$

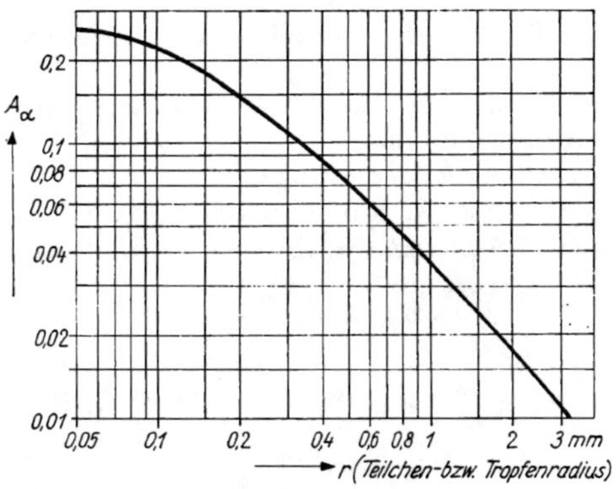

Abb. 2. Effektivitätsfaktor für die α-Strahlung A_α als Funktion des mittleren Tropfen- bzw. Teilchenradius

Abb. 2 enthält eine graphische Darstellung dieser Funktion, aus der die A_α-Werte direkt abgelesen werden können. Werden die α-Strahler jedoch extrahiert, so wirkt die volle Energie auf die organische Phase ein und wird dort sorbiert.

Um die Wirkung der sorbierten α-Energie direkt mit der sorbierten β- oder γ-Energie vergleichen zu können, muß ähnlich wie in biologischen Systemen ein Bewertungsfaktor $q = 20$ angesetzt werden. Die Gesamtdosis, die die organische Phase im Apparat erhält, ergibt sich demnach wie folgt:

$$D^E = \left(A_\alpha \cdot 20 \cdot \left(\frac{dE}{dV}\right)^*_\alpha + 20 \left(\frac{dE}{dV}\right)^{**}_\alpha + \left(\frac{dE}{dV}\right)_\beta + A_\gamma \left(\frac{dE}{dV}\right)_\gamma\right) H \cdot \varrho_m \cdot T_0 \,[\text{Gy}] \tag{9}$$

$\left(\frac{dE}{dV}\right)^*_\alpha$ ist die Energiedichte in der wäßrigen Phase, welche die nichtextrahierten α-Strahler erzeugen;

$\left(\frac{dE}{dV}\right)^{**}_\alpha$ ist die Energiedichte in der wäßrigen Phase der Komponenten, welche extrahiert werden.

ϱ_m ist die mittlere Dichte der beiden Phasen in [kg/l]:

$$\varrho_m = \varrho_w \cdot H + \varrho_0 (1 - H) \tag{10}$$

Der hold-up H ist der Anteil des Volumens an wäßriger Phase am Gesamtflüssigkeitsinhalt des Apparates.

T_0 ist die mittlere Verweilzeit der organischen Phase im Extraktor in s.

Im allgemeinen wird sich der Anteil der extrahierten α-Strahler in der organischen Phase entsprechend dem Konzentrationsgradienten im Apparat ändern. Bei der Berechnung von $\left(\frac{dE}{dV}\right)^*_\alpha$ und $\left(\frac{dE}{dV}\right)^{**}_\alpha$ muß dann die spezifische Aktivität eingesetzt werden, welche den jeweiligen mittleren Konzentrationen entspricht.

Bei sehr kurzen Trennlängen des Extraktors (falls nur kleine Trennstufenzahlen erforderlich sind), muß zusätzlich die Dosis berücksichtigt werden, welche die organische Phase in der Absetzzone erhält. Die Berechnung kann ähnlich erfolgen wie für den Absetzer eines Mixer-Settler-Extraktors.

b) Mixer-Settler-Extraktoren

Die Beziehung (9) kann auch zur Berechnung der Dosis D^M in der Mischkammer eines konventionellen Mixer-Settlers oder eines Zentrifugalextraktors benutzt werden.

Zu beachten ist hier, daß besonders beim Einsatz von Zentrifugalextraktoren die Tropfendurchmesser sehr klein werden, so daß A_α die Größenordnung von 1 erreichen kann.

Für T_0 wird der Wert der Verweilzeit der organischen Phase im Mischer angesetzt.

Bei der Berechnung der Dosis, welche die organische Phase im Absetzer erhält, muß auch berücksichtigt werden, welcher Anteil der β- und γ-Strahler extrahiert wird.

Die Verhältnisse im Absetzer werden durch die beiden abgesetzten Phasen und die zwischen beiden liegenden Dispersionsschicht bestimmt.

Für die Gesamtdosis ergibt sich:

$$D^{A} = D_{\mathrm{Disp}} \cdot \frac{V_{\mathrm{Disp}}}{V_{A}} + \left[G \cdot A_{\gamma} \cdot \left(\frac{\mathrm{d}E}{\mathrm{d}V}\right)^{*}_{\gamma} + A_{\gamma}\left(\frac{\mathrm{d}E}{\mathrm{d}V}\right)^{**}_{\gamma} + \left(\frac{\mathrm{d}E}{\mathrm{d}V}\right)^{**}_{\beta} + 20 \cdot \left(\frac{\mathrm{d}E}{\mathrm{d}V}\right)^{**}_{\alpha}\right] \frac{V_{w}}{V_{A}} \cdot \varrho_0 \cdot T_{0A} \;\; [\mathrm{Gy}] \quad (11)$$

Die Dosis der Dispersionsschicht (D_{Disp}) wird nach Formel (9) berechnet, wobei für A_γ der Wert eingesetzt wird, den man erhält, wenn d gleich der Dicke der Dispersionsschicht gewählt wird. V_{Disp} ist das Gesamtvolumen der Dispersionsschicht. V_A ist das Volumen des Absetzers und V_w das Volumen der abgesetzten wäßrigen Phase. A_γ wird für einen d-Wert berechnet, welcher aus der Dicke der abgesetzten Schicht der organischen Phase folgt. G ist ein Geometriefaktor, der den Anteil der von der abgesetzten wäßrigen Phase ausgehenden γ-Strahlung, welcher die organische Phase erreicht, beschreibt. Dieser Wert ist

$$G \approx \frac{F_{\mathrm{gr}}}{F_{w}} \quad (12)$$

F_{gr} ist die Phasengrenzfläche und F_w die gesamte Oberfläche der abgesetzten wäßrigen Phase.

Mit dem Index ** wird wieder die jeweilige Energiedichte der extrahierbaren Nuklide bezeichnet. T_{0A} ist die Verweilzeit der organischen Phase im Absetzer.

Die Gesamtdosis, welche die organische Phase beim Durchlaufen einer Mixer-Settler-Kaskade mit N Stufen erhält, beträgt dann

$$D^{\mathrm{MS}} = \sum_{i=1}^{N} (D_i^{\mathrm{M}} + D_i^{\mathrm{A}}) \quad (13)$$

Dabei ist berücksichtigt, daß durch die Extraktion aktiver Komponenten bzw. durch die Zuführung von inaktiver Lösung in bestimmten Apparatesektionen (z. B. in der Waschsektion) die Dosis in jeder Stufe unterschiedlich sein kann.

c) *Gesamtdosis im Zyklus*

Um die Gesamtdosis in einem Zyklus zu ermitteln, ist noch die Dosis während der Reextraktion und während des Transportes vom Extraktor zum Reextraktor zu berücksichtigen. Die Dosis beim Transport beträgt

$$D^{\mathrm{Tr}} = \left(A_{\gamma} \cdot \left(\frac{\mathrm{d}E}{\mathrm{d}V}\right)^{**}_{\gamma} + \left(\frac{\mathrm{d}E}{\mathrm{d}V}\right)^{**}_{\beta} + 20\left(\frac{\mathrm{d}E}{\mathrm{d}V}\right)^{**}_{\alpha}\right) \times \frac{V_{w}}{V_{A}} \cdot \varrho_0 \cdot T_{\mathrm{TR}} \;\; [\mathrm{Gy}] \quad (14)$$

$\frac{V_w}{V_A}$ bezieht sich auf die Verhältnisse im Extraktor, in welchem der Stoffaustausch stattfand;

T_{TR} ist die Verweilzeit während des Transportes zum Reextraktor.

Für die Berechnung der Dosis im Reextraktor D^{RE} sind ebenfalls die Beziehungen (9), (11) und (13) zu verwenden, wobei natürlich bei der Berechnung von $\left(\frac{\mathrm{d}E}{\mathrm{d}V}\right)^{*}_{x}$ und $\left(\frac{\mathrm{d}E}{\mathrm{d}V}\right)^{**}_{x}$ nur die extrahierten Komponenten zu berücksichtigen sind.

Die Gesamtdosis im Zyklus beträgt damit

$$D_{\mathrm{ges}} = D^{\mathrm{EX}} + D^{\mathrm{Tr}} + D^{\mathrm{RE}} \quad (15)$$

Sorptionskolonnen

Kontinuierliche Sorptionsverfahren, bei denen die feste Phase im Gegenstrom zur flüssigen Phase geführt wird, lassen sich genauso berechnen wie die Extraktionsverfahren mit Kolonnenapparaten. Anders sind die Verhältnisse jedoch, wenn die feste Phase stationär in der Trennsäule verbleibt.

Die mittlere Dosis, welche das Sorptionsmittel während der Sorptionsphase erhält, beträgt dann

$$D^{S} = \left(A_{\alpha} \cdot 20\left(\frac{\mathrm{d}E}{\mathrm{d}V}\right)^{*}_{\alpha} + 20\left(\frac{\mathrm{d}E}{\mathrm{d}V}\right)^{**}_{\alpha} \cdot \frac{(n_s+1)}{2} + \left(\frac{\mathrm{d}E}{\mathrm{d}V}\right)^{*}_{\beta} + \left(\frac{\mathrm{d}E}{\mathrm{d}V}\right)^{**}_{\beta} \cdot \frac{(n_s+1)}{2} + A_{\gamma}\left(\frac{\mathrm{d}E}{\mathrm{d}V}\right)^{*}_{\gamma} + A_{\gamma}\left(\frac{\mathrm{d}E}{\mathrm{d}V}\right)^{**}_{\gamma} \frac{(n_s+1)}{2}\right) \cdot \varrho_{m} \cdot \varepsilon \cdot T_{s} \;\; [\mathrm{Gy}] \quad (16)$$

$\left(\frac{\mathrm{d}E}{\mathrm{d}V}\right)^{*}_{x}$ ist die Energiedichte, welche durch die nicht sorbierten Nuklide erzeugt wird;

$\left(\frac{\mathrm{d}E}{\mathrm{d}V}\right)^{**}_{x}$ ist die Energiedichte in der wäßrigen Phase der Nuklide, welche in der Säule sorbiert werden;

$\varepsilon \left(= \frac{V_{\mathrm{Fl}}}{V_{\mathrm{App}}}\right)$ ist der relative Flüssigkeitsinhalt der Kolonne (Porenvolumen);

$n_s \left(= \frac{V_{\mathrm{gs}}}{\varepsilon \cdot V_{\mathrm{App}}}\right)$ ist die Anzahl der in der Sorptionsphase durchgesetzten Kolonnenflüssigkeitsinhalte (V_{gs} = Gesamtvolumen an Flüssigkeit, welche in der Sorptionsphase durch die Kolonne läuft);

T_s ist die Zeit der Sorptionsphase (in s).

Zur Berechnung von A_α wird für r der mittlere Kornradius eingesetzt.

Die mittlere Dichte ϱ_m (in kg/l) berechnet sich wie folgt:

$$\varrho_{m} = \varrho_{\mathrm{Fl}} \cdot \varepsilon + \varrho_{\mathrm{F}} (1 - \varepsilon) \quad (17)$$

ϱ_{Fl} ist die Dichte der Flüssigkeit und
ϱ_{F} die des Festkörpers.

Während der Waschphase nach der Sorption wirkt die folgende Dosis auf die Feststoffschüttung ein:

$$D^{W} = \left(20\left(\frac{\mathrm{d}E}{\mathrm{d}V}\right)^{**}_{\alpha} + \left(\frac{\mathrm{d}E}{\mathrm{d}V}\right)^{**}_{\beta} + A_{\gamma}\left(\frac{\mathrm{d}E}{\mathrm{d}V}\right)^{**}_{\gamma}\right) \times n_s \cdot T_w \cdot \varrho_m \cdot \varepsilon \;\; [\mathrm{Gy}] \quad (18)$$

T_w (in s) ist die Dauer der Waschphase.

Für n_s wird der gleiche Wert wie in Gleichung (16) eingesetzt.

In der Elutionsphase beträgt die Dosis

$$D^{\mathrm{EL}} = \left(20\left(\frac{\mathrm{d}E}{\mathrm{d}V}\right)^{**}_{\alpha} + \left(\frac{\mathrm{d}E}{\mathrm{d}V}\right)^{**}_{\beta} + A_{\gamma}\left(\frac{\mathrm{d}E}{\mathrm{d}V}\right)^{**}_{\gamma}\right) \times \frac{n_{\mathrm{EL}}+1}{2} \cdot \varrho_m \cdot \varepsilon \cdot T_{\mathrm{EL}} \;\; [\mathrm{Gy}] \quad (19)$$

n_{EL} ist die Zahl der während der Elution durchgesetzten Kolonnenlückenvolumen an Flüssigkeit und T_{EL} die Dauer der Elutionsphase.

Tab. 2. Energiedichte einer Abfallösung der in Tab. 1 angegebenen Konzentration

Nuklid	$\left(\frac{dE}{dV}\right)_\alpha$, W/l	$\left(\frac{dE}{dV}\right)_\beta$, W/l	$\left(\frac{dE}{dV}\right)_\gamma$, W/l
$^{90}Sr/^{90}Y$	—	0,152	—
^{106}Ru	—	0,046	$1{,}9 \cdot 10^{-3}$
^{134}Cs	—	0,01	$8{,}9 \cdot 10^{-2}$
^{137}Cs	—	0,035	$1{,}1 \cdot 10^{-1}$
$^{144}Ce/^{144}Pr$	—	0,023	$4{,}3 \cdot 10^{-4}$
^{154}Eu	—	0,006	$2{,}5 \cdot 10^{-3}$
^{241}Am	$3{,}2 \cdot 10^{-3}$	—	$1{,}5 \cdot 10^{-5}$
^{244}Cm	$2{,}8 \cdot 10^{-3}$	—	
Σ	$6 \cdot 10^{-3}$	0,272	0,20

Die $\left(\frac{dE}{dV}\right)_x^{**}$-Werte haben in den Beziehungen (16), (18) und (19) jeweils den gleichen Wert.

Die Gesamtdosis innerhalb eines Zyklus beträgt

$$D_{gs} = D^S + D^W + D^{EL}$$

Berechnungsbeispiele

Die in den Formeln zur Berechnung der Dosis eingehenden Energiedichten beziehen sich alle auf die wäßrige Lösung. Für die in Tab. 1 zusammengestellten Konzentrationen einer Abfallösung als Ausgangsprodukt für die Spaltproduktgewinnung ergeben sich die in Tab. 2 zusammengestellten Energiedichten.

Im ersten Beispiel wird der Fall betrachtet, daß alle Komponenten, welche wesentlich zur Aktivität der Lösung beitragen, in der wäßrigen Phase verbleiben. Dieser Fall wird zum Beispiel bei der Gewinnung von Tc und Pd angestrebt. Der Durchsatz an wäßriger Phase soll 10 l/h betragen. Im ersten Fall soll die Trennung durch Extraktion in einer Pulsationskolonne von 4 m Länge und einem Kolonnendurchmesser von 5 cm erfolgen. Das Phasenverhältnis sei 1:1 und der hold-up 0,5. Die organische Phase hat damit eine Verweilzeit von $T_0 = 3000$ s. Der mittlere Tropfendurchmesser betrage 3 mm und die mittlere Dichte sei $\varrho_m \approx 0{,}9$ kg/l.

Auf Grund der Gleichung (9) erhält man für die Dosis $D^E = 437$ Gy.

Diese Dosis ist gleich der Gesamtdosis im Zyklus, da bei der Reextraktion keine nennenswerte Strahlung auf die organische Phase einwirkt. Der Hauptanteil an der Dosis wird durch die β-Strahler geliefert. α- und γ-Strahler haben nur einen Anteil von etwa 15%. Wird als Extraktionsmittel z. B. ein tertiäres Amin eingesetzt, so ist bis zu einer Gesamtdosis von $1{,}8 \cdot 10^5$ Gy kein Einfluß auf das Extraktionsverhalten festzustellen [12]. Wenn der Verdünner ebenfalls ausreichend strahlenresistent ist, lassen sich ca. 350 Zyklen ohne Zwischenregenerierung fahren. Dabei werden insgesamt 3000 l Abfallösung verarbeitet.

Wird die gleiche Trennung mit einer Ionenaustauschersäule durchgeführt, so benötigt man für einen Durchsatz von 10 l/h einen Säulendurchmesser von 15 cm. Die Säulenlänge soll so groß sein, daß eine Chargenmenge von 10 l in der Sorptionsphase durchgesetzt werden kann. Die Dauer der Sorptionsphase beträgt dann also $T_s = 3600$ s. Der mittlere Korndurchmesser sei 200 μm und $\varepsilon = 0{,}4$. Durch Anwendung der Beziehung (16) erhält man $D^S = 480$ Gy. Der Anteil der α- und γ-Strahler zur Gesamtdosis beträgt etwa 1/3.

D^S ist gleich der Dosis im Gesamtzyklus, da beim Waschen und Desorbieren keine Dosis auf die Schüttung einwirkt. Um einen Gesamtdurchsatz von 3000 l zu erreichen, müssen 300 Zyklen durchlaufen werden. Die Gesamtdosis beträgt dann $1{,}44 \cdot 10^5$ Gy. Dieser Wert unterscheidet sich nur wenig von dem des Extraktionsprozesses, so daß man für den vorliegenden Fall davon ausgehen kann, daß die auf den Durchsatz bezogene Dosis bei beiden Verfahren gleich ist. Bei einer Dosis von 10^5 Gy ist besonders unter den Einfluß von Salpetersäure mit dem Beginn einer spürbaren Zersetzung des Harzes zu rechnen [13]. Die zulässige Gesamtdurchsatzmenge ohne Regeneration ist also beim Ionenaustauschverfahren etwa die gleiche wie bei der Extraktion. Der Nachteil der Festbettsäulen besteht jedoch darin, daß die Schüttung nach Ablauf der zulässigen Zyklenzahl ausgewechselt werden muß und die Abfallbilanz erhöht, während das Extraktionsmittel nach Durchlaufen einer Regenerationsstufe, welche die schädlichen Radiolyseprodukte entfernt, wieder in den Prozeß zurückgeführt werden kann. Erfolgt z. B. die Spaltproduktabtrennung aus einer 10fach konzentrierten Lösung, so würde die Standzeit nur 30 Zyklen betragen. In diesem Fall dürften sich Festbettverfahren für technische Anlagen kaum realisieren lassen.

Im zweiten Beispiel wird der Fall diskutiert, daß die α-Strahler durch Extraktion bzw. Ionenaustausch abgetrennt werden. Die technischen Bedingungen sollen ähnlich wie im ersten Beispiel sein. Für die Extraktion kann man annehmen, daß im Mittel über die gesamte Kolonne 50% der α-Strahler in der wäßrigen und 50% der in organischen Phase sind. Damit errechnet man mit Gleichung (9) für D^E den Wert 510 Gy. Die Dosis bei der Reextraktion beträgt 80 Gy.

Die Transportdosis ist zu vernachlässigen, da keine Zwischenbehälter für die beladene organische Phase existieren sollen. Die Gesamtdosis pro Zyklus beträgt damit 590 Gy. Dieser Wert ist etwa 1/3 größer als im Beispiel eins. Das zeigt, daß die α-Dosis nicht generell — wie oft angenommen — zu vernachlässigen ist.

Setzt man eine Ionenaustauschersäule ein, welche einen Durchmesser von 15 cm und eine Schütthöhe von 20 cm hat, so könnten in der Sorptionsphase bei einer Belastung von 10 l/h etwa 10000 l durchgesetzt werden, falls nur die Transurane sorbiert werden, da diese in sehr geringer Konzentration vorliegen. Die Dauer der Sorptionsphase würde $3{,}6 \cdot 10^6$ s betragen, und die Zahl der durchgesetzten Kolonnenlückenvolumen ($\varepsilon = 0{,}4$) n_s wäre 7150.

Mit den Werten der Tab. 2 und Gl. (16) ergibt sich D^S zu $2{,}8 \cdot 10^8$ Gy. Waschphase und Desorption erfordern eine viel geringere Zeit, so daß hierbei keine nennenswerten Beiträge zur Gesamtdosis im Zyklus entstehen.

Bei der Extraktion wurden pro Zyklus 8,3 l an wäßriger Phase durchgesetzt. Das bedeutet, daß die organische Phase pro Liter an verarbeiteter Abfallösung eine Dosis von 71 Gy erhält. Bei der Festbettsäule beträgt die Dosis pro Liter dagegen $2{,}8 \cdot 10^4$ Gy. Hier erkennt man die großen Unterschiede bezüglich der Strahlenbelastung zwischen beiden Verfahren. Sie treten immer dann auf, wenn hochaktive Komponenten abgetrennt werden müssen.

Schlußfolgerungen

Für die technologische Gestaltung der Verfahren der Spaltprodukt- und Transuranabtrennung unter Berücksichtigung der Strahlendosis lassen sich folgende Schlußfolgerungen ziehen:

1. Falls keine hochaktiven Komponenten aus der wäßrigen Lösung abgetrennt werden sollen, ist die auf die Durchsatzmenge bezogene Dosis, welche das Trennmittel erhält, beim Festbettverfahren etwa die gleiche wie beim kontinuierlichen Gegenstromverfahren. Ein kontinuierliches Fest-flüssig-Trennverfahren (Fließbett) böte in diesem Fall bezüglich der Strahlendosis keine Vorteile gegenüber einem Festbettverfahren. Schwierigkeiten sind jedoch beim Einsatz von Ionenaustauscheranlagen mit organischen Austauschern dann zu erwarten, wenn hochkonzentrierte Lösungen verarbeitet werden, da nach einer geringen Zahl von Zyklen der Austauscher ausgewechselt werden muß. In Extraktionsprozessen kann dagegen die organische Phase in jedem Zyklus regeneriert werden. Da im allgemeinen hierbei nur die störenden Radiolyseprodukte entfernt werden, fällt nur wenig Abfall an.
2. Falls hochaktive Komponenten abgetrennt werden, ist die auf den Durchsatz bezogene Dosis bei Festbettverfahren bedeutend höher als bei kontinuierlichen Verfahren. Das liegt daran, daß die Komponenten im Festbett stark angereichert werden und dort relativ lange verweilen. Eine Verringerung der pro durchgesetzte Gesamtmenge erzielten Dosis erhält man, wenn bei gleichen Säulendimensionen die pro Zyklus durchgesetzte Menge verringert wird, da sich sowohl n_s als auch T_s proportional zum Durchsatz pro Zyklus verändern (Beziehung (16)). In diesem Fall wird allerdings nur ein Teil der vorhandenen Säulenkapazität genutzt und die Effektivität des Gesamtprozesses sinkt. Bei begrenzter Strahlenresistenz des Sorbens muß also unter Umständen mit überdimensionierten Säulen gearbeitet werden. Ein anderer Ausweg besteht darin, mit hohen spezifischen Durchsätzen zu arbeiten (Hochdruckverfahren) oder kontinuierliche Gegenstromprozesse zu entwickeln.
3. Bei Extraktionsprozessen hängt die Dosis sowohl vom hold-up H an wäßriger Phase ab als auch von der Verweilzeit an organischer Phase T_0 (Beziehung (9)). T_0 ist proportional der Größe $(1 - H)$. Die Dosis ist damit proportional der Funktion $F(H) = H \times (1 - H)$. $F(H)$ hat ein Maximum bei $H = 0{,}5$. Für $H \to 0$ und $H \to 1$ gilt $F(H) \to 0$.
   Um die Gesamtdosis zu minimieren, ist es deshalb sinnvoll, bei sehr kleinem oder sehr großem Betriebsinhalt zu arbeiten. Dabei müssen natürlich die Grenzen eingehalten werden, welche für die einwandfreie Funktion des Apparates erforderlich sind.
4. Bei der Auswahl des Extraktortyps ist unter dem Aspekt der Strahlenresistenz folgendes zu beachten:
   Wenn keine radioaktiven Komponenten extrahiert werden, ist die Dosis, welche die organische Phase in den Absetzern erhält, gering gegenüber der Dosis in den Mischern. Die Verweilzeit im Mischer ist im allgemeinen kleiner als die Verweilzeit in einer Trennstufenlänge bei Differentialextraktoren. Das bedeutet, daß in diesem Fall die Dosis beim Einsatz von Mixer-Settler-Extraktoren geringer ist als in Pulsationskolonnen.
   Ist ein hoher Anteil von α-Strahlern in der wäßrigen Phase vorhanden, so ist beim Einsatz von Zentrifugalextraktoren zu beachten, daß wegen der kleinen Tropfengrößen der Faktor A_α stark ansteigt. Der Vorteil der geringen Kontaktzeit der Phasen im Mischer kann dadurch teilweise wieder aufgehoben werden.
   Wird ein wesentlicher Anteil an aktiven Komponenten extrahiert, so sind auf jeden Fall Kolonnenextraktoren wegen ihrer kürzeren Stufenverweilzeit den konventionellen Mixer-Settler-Extraktoren vorzuziehen. Der Einsatz von Zentrifugalextraktoren ist in diesem Fall nur dann sinnvoll, wenn auch die Reextraktion in einem derartigen Extraktor erfolgt.

Eingegangen am 20. 6. 1980

Literatur

[1] *V. Kouřim, O. Vojtěch*, At. Energy Rev. **12** (1974) 215
[2] *B. Gorski* u. a., Isotopenpraxis **14** (1978) 137
[3] *L. N. Lasarev* u. a., ERDA-TR-199 (IAEA-Meeting, Leningrad 1976)
[4] *B. G. Brodda, D. Heinen*, Nucl. Technol. **234** (1977) 421
[5] *G. L. Richardson*, HEDL-TME 73 – 51 (Hanf. Eng. Dev. Lab., 1973)
[6] *L. Salomon, E. Lopez-Menchero*, ETR-203 (Europ. Comp. Chem. Proc. Invad. Fuels, Belg. 1967)
[7] *C. A. Blake*, ORNL-4212 (Oak Ridge Nat. Lab., 1968)
[8] *J. van Geel* u. a., Proceed. Int. Conf. Solvent. Extraction, The Hague, Netherlands **1** (1977) 577
[9] *L. H. Baetzle, D. Huys*, Ind. Chim. Belge **32** (1967) 2, 3
[10] *R. Shor*, u. a., Isot. Rad. Technol. 8 (1971) 260
[11] *W. Heinerl, P. Grziwa*, Kerntechnik **18** (1976) 272
[12] *W. A. Medvedowsky* u. a., Materialien III. Symp. d. RGW zu Fragen der Wiederaufbereitung von Kernbrennstoff, Karlovy Vary 1974, Bd. II, 302
[13] *G. Kühne, F. Martinola*, VGB Kraftwerkstechnik **57** (1977) 173

Study of the Boron Uptake and Distribution in Plant Samples Using a Nondestructive Prompt-Activation Technique

A. S. Szabó[1])

(Joint Institute for Nuclear Research, Laboratory of Neutron Physics, 141 980 Dubna, USSR)

A prompt activation technique — detection of the α-particles with surface barrier silicon and solid state track detectors, detection of the γ rays with (GeLi) detector — based on the $^{10}B(n, \alpha)^{7}Li$ nuclear reaction was applied for boron determination using a time-of-flight technique on the IBR-30 pulsing reactor. The method was used for measurement of the boron concentration and distribution in bean and maize leaves.

Keywords

activation analysis; agriculture; boron; distribution; plants; uptake

Introduction

It has been known for about 70 years, that boron is one of the microelements essential for plant growth. Below given minimum values of boron concentration — e.g. lettuce: 16 ppm, cucumber: 15 ppm, tomato: 8 ppm, barley: 2 ppm, based on dry weight of the leaves — symptoms of diseases in consequence of boron deficiency are due to appear [1].

The average total boron concentration in soil is about $3 \cdot 10^{-4}$ % [2]. However, the boron concentration values of the different soils can be considerably different and also the need for boron differs significantly from species to species, so that boron deficiency can be observed in many cases. E.g. soils in high-rainfall areas are often deficient in boron. But the fertilization with boron is rather difficult, because too much boron is toxic to plants, and the dividing line between deficiency and excess is narrow.

The biological role and the transport of boron in plants are not entirely known yet, and the lack of knowledges is in connection with the fact, that boron is one of the elements, difficult to analyse, and the determination of boron in ppm concentration range requires very sensitive analytical methods. In general spectrophotometrical or atomic absorption methods have been used for determination of boron in biological samples [3—5].

In the following a nondestructive prompt-activation nuclear method will be discussed, which is suitable for analysis of very low boron concentrations, too.

Material and method

The prompt-activation method was applied for measurements of the boron concentration and distribution in leaves of bean and maize plants, grown in nutrient solutions. The age of the plants, treated with boron was 2 weeks. The boron concentration in the nutrient solution (1/2 *Knop* solution) was varied from 1 to 1000 ppm. The boron was added to the *Knop* solution in the form of H_3BO_3, since plant roots can only absorb boron efficiently when it is in the form of boric acid and its borate salts. After the treatments — from 24 to 144 hours — the leaves were cut from the stem, pressed and dried at room temperature. The preparation of the samples was made in the University of Agricultural Sciences, Gödöllő, Hungary.

For the determination of boron 3 different methods, based on the $^{10}B(n, \alpha)^{7}Li$ nuclear reaction were applied. It is known, that the cross section of this (n,α) reaction is very high (~ 3800 barn) and therefore the methods based on the $^{10}B(n, \alpha)^{7}Li$ reaction are rather sensitive [6—11]. The natural abundance of ^{10}B isotop in boron is ~ 19.6%. The nuclear measurements were carried out in the Joint Institute for Nuclear Research, in the Laboratory of Neutron Physics, utilizing the IBR-30 pulsing reactor.

1. The first method was the detection of the prompt α-particles produced in the $^{10}B(n, \alpha)^{7}Li$ reaction, with a surface barrier silicon detector, using a time-of-flight technique. Since this method was discussed in detail in our previous works [12—14], here only some essential points are given.

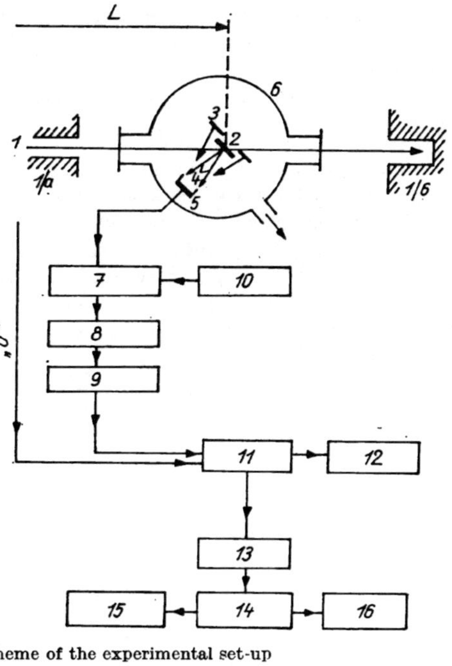

Fig. 1. Scheme of the experimental set-up

1 — collimated neutron beam; 2 — sample; 3 — ^{6}Li monitor; 4 — α-particles to the detector; 5 — surface barrier silicon detector; 6 — aluminium chamber evacuated down to 10^{-5} kp · cm^{-2}; 7 — preamplifier; 8 — amplifier; 9 — emitter follower; 10 — pulse generator; 11 — amplitude analyzer; 12 — digitizer and graph-construction; 13 — magnetic tape; 14—16 — computer systems BESM-4 and BESM-6 for spectrum evaluation; L — distance from the active zone; „Q" — starting signals synchronized with the reactor pulses

[1]) Permanent address: Institute for Food Control and Chemical Analysis, Laboratory of Radiology and Isotope-Technique, 2022 Győr, Hungary

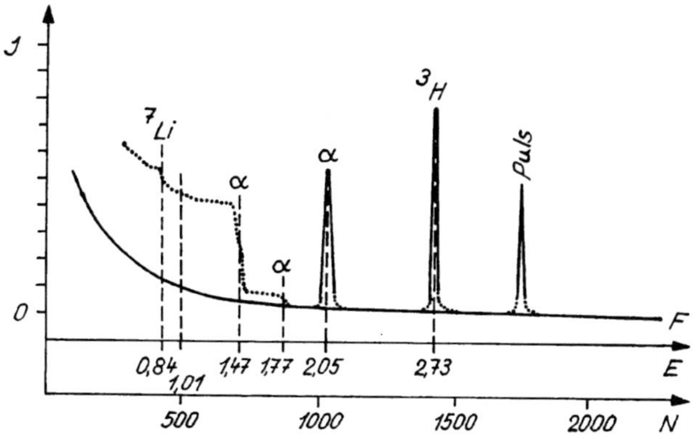

Fig. 2. Typical spectrum from a thick boron sample, flux monitor and pulser

I – Intensity; F – background; E – energy (MeV) of the charged particles; N – channel number

The detector was placed with the sample and flux monitor in a common vacuum chamber (fig. 1). The average neutron flux was evaluated on the base of the peak areas of the 2·05 and 2·73 MeV energy from the ^{6}Li(n, α)^{3}H reaction (fig. 2).

The thermal neutron flux amounted ~ 10^6 n cm^{-2} s^{-1} at the measuring place, which is ~ 16 m from the active zone. Since the α-particles, released from the surface of the investigated samples, show an energy loss, so using this method makes it possible to measure also the boron concentration profile – the boron distribution – to depth about 2 μm. The energy loss is proportional to the depth at which the boron atoms are found and to the specific stopping power – dE/dx – of the material.

The minimum determinable limit – time of measurement ~ 10 hours – using the α-detection technique with surface barrier Si detector was ~ $2 \cdot 10^{-7}$ g. The minimum determinable concentration – surface of the sample ~ 10 cm^2 – 100 ppm in dry plant material, that is ~ 10 ppm in fresh, original plant material.

2. The second method was the neutron-induced autoradiography using solid state track detector. Our SSTD (Type LR-115) was sensitive for α particles ($E_\alpha < 4$ MeV) and protons ($E_p < 100$ keV). (94% of the prompt α-particles released in the ^{10}B(n,α)^{7}Li reaction have an energy 1·471 and 6% 1·777 MeV). This SSTD consists of a thin sensitive cellulose nitrate layer (thickness ~ 13 μm) on an inert polyester sheet.

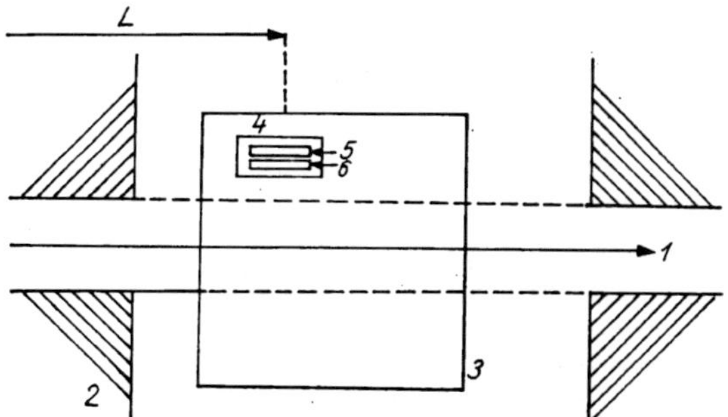

Fig. 3. Set-up for the autoradiography measurements

1 – neutron beam; 2 – collimator; 3 – paraffin box; 4 – cavity in the paraffin; 5 – detector; 6 – sample; L – distance from the active zone of the reactor

The measurements were carried out ~ 10 m from the active zone of the reactor in a paraffin box – not in the direct neutron beam – where the average thermal neutron flux reached ~ 10^7 n cm^{-2} s^{-1} (fig. 3), and the proportion of fast neutrons to thermal ones was only 0·1%. (The protons, released from the (n,p) reaction with fast neutrons disturb the detection of the α-particles with SSTD, therefore it is necessary to reduce the fast neutron: thermal neutron proportion. In the normal neutron beam of the IBR-30 reactor – without nuclear filters and specific moderators – the relative quantity of the thermal neutrons is ~ 11%, the quantity of the epithermal neutrons is ~ 14%, and the fast neutrons ~ 75%).

The limit of boron determination with autoradiography was ~ 0·2 ppm, if the exposition time was ~ 10 hours.

3. The third method was the detection of prompt γ-rays from the nuclear reaction

$$^{10}_{5}\mathrm{B} + ^{1}_{0}\mathrm{n} \rightarrow ^{4}_{2}\mathrm{He} + ^{7}_{3}\mathrm{Li}^*$$

$$^{7}_{3}\mathrm{Li} \quad \text{gamma ray (478 keV)}$$

The γ-measurements (fig. 4) were carried out with a 50 cm^3 Ge(Li) detector – energetic resolution ~ 3 keV for ^{60}Co – about 16 m from the active zone of the reactor. As a nuclear filter – for increase of the thermal neutrons: fast neutrons proportion – a Bi monocrystal (thickness ~ 8 cm) was used.

The determination limit was ~ 10 μg B if the time of measurement reached 10 hours, that is about 10 ppm by 1 g sample.

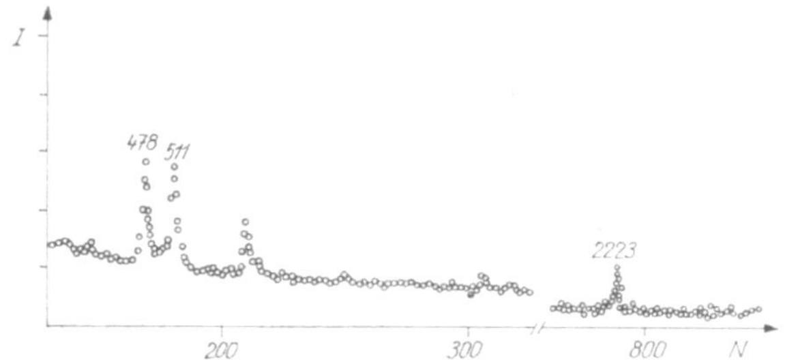

Fig. 4. Prompt γ-spectrum, the energy of the peaks are given in keV

I – Intensity; N – channel number

Results and discussion

The influence of the boron concetration and the pH in the nutrient solution and the duration of the treatment on the boron concentration in the leaves, and the boron distribution on the surface of the leaves were studied.

The quantity of boron in the leaves increased with the boron concentration in the nutrient solution and the duration of the treatment (tab. 1). This means, that the boron uptake of the plants can be far greater than the physiological need. Results show, that the boron concentration is significantly greater in the upper leaves than in the lower onens, which verifies that boron does not move easily in the plants [1, 15]. (The 2 weeks old plants used in these experiments had 3 levels of leaves.)

The influence of the pH of the nutrient solution on the boron uptake could not be demonstrated, although according to *Bowen* [1], *Mengel* [15] and *Larcher* [16] with increase of the pH of the soil the boron concentration in the plants decreases. The following boron contents were found in the bean leaves by pH 4, 6 and 8 (in 10^{20} boron atom · cm^{-3} unit): 0·43 ± 0·08, 0·41 ± 0·10, 0·48 ± 0·03 · (10^{20} atom · cm^{-3} are ~ 1790 ppm).

Tab. 1. Boron concentration in the maize leaves in 10^{19} atom/cm³ unit*)

duration of the treatment h		boron concentration in the nutrient solution, ppm			
		100	10	1	control
24	upper leaves	19·2	5·7	2·8	1·5
	lower leaves	11·9	2·2	1·0	0·7
72	upper leaves	85·7	7·9	6·5	3·5
	lower leaves	22·0	4·6	1·9	1·5

*) 10^{19} atom · cm^{-3} are ~ 179 ppm

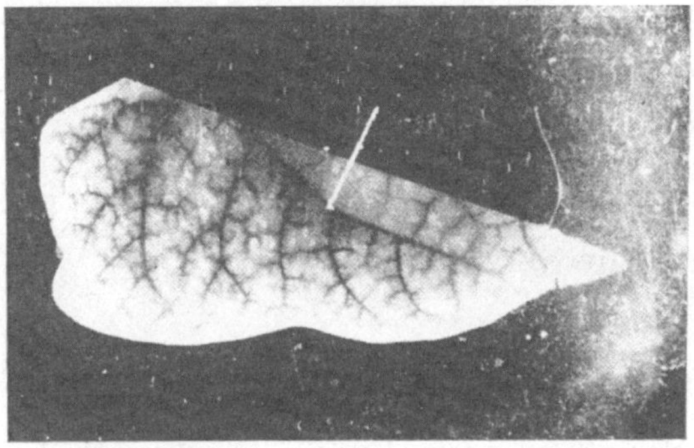

Fig. 5. Photo of a half bean leaf, investigated with autoradiography technique

Tab. 2. Boron concentration on the right (sunny) and back (shady) sides of 3 bean leaves

No of sample		boron cocentration in 10^{20} atom/cm³		
		$\bar{x}$	s_x	$s_{\bar{x}}$
1	right side	0·559	0·035	0·025
	back side	0·578	0·043	0·030
2	right side	0·464	0·028	0·016
	back side	0·538	0·116	0·067
3	right side	1·056	0·132	0·076
	back side	1·136	0·120	0·069

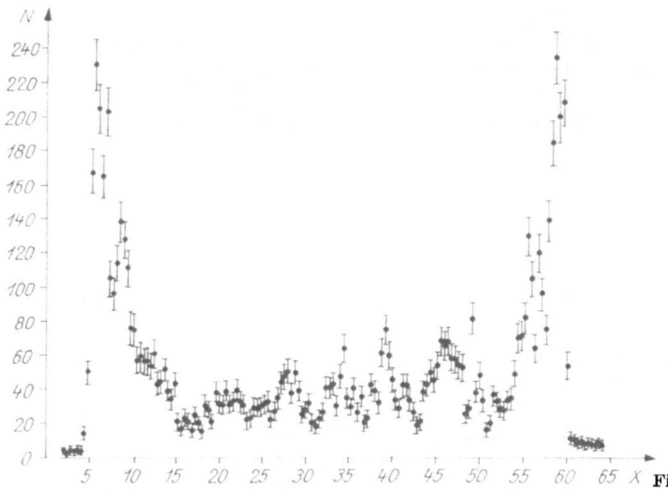

Fig. 6. Boron distribution alongside with the half bean leaf
N — number of tracks; X — distance in mm to the peak

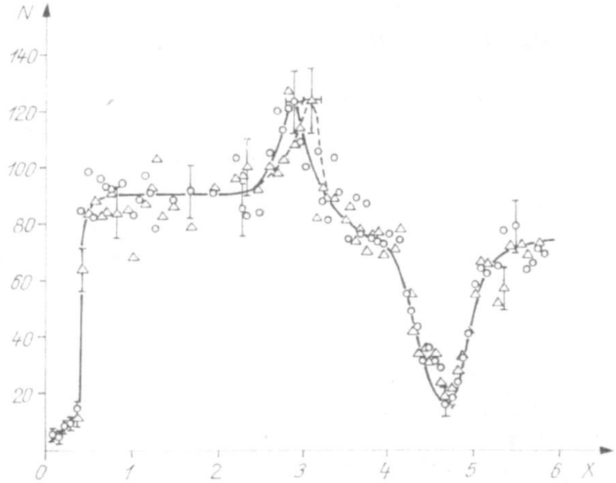

Fig. 8. Boron concentration distribution on the right (Δ Δ Δ) and back (○ ○ ○) sides of the half bean leaf. The direction is marked with a white line on the Fig. 5.
N — number of tracks; X — distance in mm

Fig. 7. Boron distribution broadwise on the half bean leaf
N — number of tracks; X — distance in mm from the centre to the edge

Investigating the surface boron distribution it was established, that the distribution on the surface of the leaves is rather different, on the edges and on the peak of the leaves the boron concentration is significantly greater than the mean surface concentration (fig. 5, 6 and 7).

The boron concentration of the right (sunny) and the back (shady) sides of the leaves was measured, too (tab. 2, fig. 8). The average boron concentrations were in every leaf ~ 5—10% greater on the back side, but in consequence of the measuring errors these differences are not significant.

In addition the $^{10}B(n, \alpha)^{7}Li$ reaction was applied for boron measurement of some plant foodstuff [17]. The boron concentration of the investigated samples (cabbage, green paprika, apple, pear, tomato, carrot, potato) was 7—374 ppm.

As a conclusion it can be established, that using these nondestructive nuclear methods it is possible to investigate the boron absorption, transport and translocation in the plants. The prompt activation technique, based on the $^{10}B(n, \alpha)^7Li$ nuclear reaction gives possibility for boron determination even in the case of very low concentration or small plant samples.

Received August 1, 1980

References

[1] *J. E. Bowen*, Crops Soils Mag. 12 – 14, 1977 (Aug. – Sept.)
[2] *V. P. Nikolsky* (gl. red.), Spravochnik khimika. Izd. Khimiya, Leningradskoye otdeleniye, 22 – 23, 1971
[3] *J. T. Harcher, L. T. Wilcox*, Anal. Chem. 22 (1950) 567
[4] *T. E. Neuner, E. E. Pickett, Ch. W. Gehrke*, J. Assoc. Offic. Anal. Chem. 58 (1975) 920
[5] *F. Thévenot, J. Cueilleron*, Analusis 5 (1977) 105
[6] *T. L. Isenhour, G. H. Morrison*, Anal. Chem. 38 (1966) 167
[7] *J. F. Ziegler, G. W. Cole, J. E. E. Baglin*, J. Appl. Phys. 43 (1972) 3809
[8] *A. S. M. de Jesus, G. W. J. van den Berg*, Radiochem. Radioanal. Lett. 36 (1978) 183
[9] *H. Reuther*, Isotopenpraxis 14 (1978) 222
[10] *Y. Duval, M. Thellier, C. Heurteaux, J. C. Wissocq*, J. Radioanal. Chem. 55 (1980) 297
[11] *K. Freyer, H.-Ch. Treuller, G. Somogyi, Zs. Varga*, J. Radioanalyt. Chem. 56 (1980) 113
[12] *Á. Z. Nagy, J. Bogáncs, J. Gyulai, A. Csőke, V. Nazarov, Z. Seres, A. Szabó, Yu. Yazvitsky*, J. Radioanal. Chem. 38 (1977) 19
[13] *J. Bogáncs, J. Gyulai, Á. Nagy, A. Szabó, T. Zanati*, Radiochem. Radioanal. Lett. 32 (1978) 71
[14] *J. Bogáncs, A. Szabó, Á. Z. Nagy, A. Csőke, J. Pecznik, I. Krakkai*, Radiochem. Radioanal. Lett. 39 (1979) 393
[15] *K. Mengel*, Ernährung und Stoffwechsel der Pflanze. VEB Gustav Fischer Verlag, Jena, DDR, 1972
[16] *W. Larcher*, Ökologie der Pflanzen. Verlag Eugen Ulmer, Stuttgart 1976.
[17] *A. S. Szabó*, Lebensmitt.-Ind. 26 (1979) 549

Neutronenaktivierungsanalytische Bestimmung von Spurenelementen im menschlichen Kopfhaar*)

W. Wiesener[1]), *W. Görner*[1]), *S. Niese*[1]), *K. Baldauf*[2]), *W. Grund* †[3]), *M. Hennig*[4]), *T. Mende*[5])

([1]) Zentralinstitut für Kernforschung, Rossendorf; [2]) I. Chirurgische Klinik, Städt. Klinikum, Berlin-Buch; [3]) Zentralinstitut für Arbeitsmedizin, Fachbereich Industrietoxikologie; [4]) Bezirkshygieneinspektion und -institut Dresden; [5]) Medizinische Akademie „Carl Gustav Carus", Nuklearmedizinische Abteilung)

Die Gehalte an F, Al, Cl, Cr, Fe, Co, Cu, Zn, Se, Ag, I und Au sind im Haar aktivierungsanalytisch bestimmt und mit Werten aus der Literatur verglichen worden. Dabei fanden wir einen relativ niedrigen Se-Gehalt (0,3 ppm). Wir erhielten erhöhte Konzentrationen an Cr und Mn im Haar von Schweißern und hohe Werte für F bei Personen, die mit Fluorverbindungen arbeiten. Frauen mit einem Mamma- bzw. Schilddrüsenkarzinom zeigten erhöhte Zn-Werte und Strumapatienten erniedrigte I-Gehalte im Haar.

Keywords

activation analysis; hair; men; neutrons; trace elements

Einleitung

Die Untersuchung der Spurenelemente in menschlichen Organen und Körperflüssigkeiten hat für das Studium des Stoffwechsels, der Ernährung sowie umwelt-, berufs- und krankheitsbedingter Belastungen an Bedeutung gewonnen [1 – 14]. Da das Haar eine Reihe essentieller und toxischer Elemente anreichert, den Spurenelementstatus eines längeren Zeitraumes repräsentiert und sich bequem entnehmen und analysieren läßt, wurde in den letzten Jahren besonders mit Hilfe der Neutronenaktivierungsanalyse (NAA) der Einfluß verschiedener Parameter auf die Spurenelementgehalte im Haar untersucht. In der vorliegenden Arbeit wird die von uns angewandte Methode vorgestellt, und die gefundenen Ergebnisse werden Literaturwerten gegenübergestellt. An ausgewählten Beispielen wird der Einfluß von Erkrankungen und berufsbedingter Belastungen dargelegt.

Experimente

Aufgrund der nicht ganz einheitlichen Verteilung der Spurenelemente über den ganzen Haarschopf werden die Proben, soweit das möglich ist, von der gleichen Kopfstelle, beispielsweise von der Nackenpartie entnommen. Die Proben werden, einer von der IAEA empfohlenen Vorschrift [15] entsprechend, nacheinander mit Aceton, dreimal mit tridestilliertem Wasser und Aceton gewaschen, anschließend im Trockenschrank 2 h bei 80 °C getrocknet und eingewogen. Danach werden die Proben, je nach den Bestrahlungsbedingungen, in Tüten aus Polyäthylenfolie eingeschweißt oder in Quarzampullen eingeschmolzen. Die Mengen liegen zwischen 5 und 100 mg.

Die Bestrahlung wird im Rossendorfer Forschungsreaktor gemeinsam mit Standards durchgeführt. Kurzzeitaktivierungen von 15 – 120 s erfolgen in einer pneumatischen Bestrahlungsanalage bei einer Neutronenflußdichte $\Phi_{th} = 4 \ldots 6 \cdot 10^{13}$ n cm^{-2} s^{-1} und Mittel- und Langzeitaktivierungen zwischen 0,5 und 200 h im Reaktorcore bei einer Neutronenflußdichte $\Phi_{th} = 6 \ldots 8 \cdot 10^{13}$ n cm^{-2} s^{-1}.

Zur Aktivitätsmessung gelangen die Proben

1. zerstörungsfrei, d. h., alle kurzlebigen Radionuklide werden sofort nach der Bestrahlung spektrometriert;
2. nach Auflösung, d. h., Proben mit langlebigen Nukliden werden nach Abklingen des ^{24}Na mit konzentrierter HNO_3 aus der Quarzampulle herausgelöst und im flüssigen oder eingedampften Zustand gemessen, und
3. nach einer chemischen Abtrennung der die gammaspektrometrische Messung mittellebiger Radionuklide störenden ^{24}Na-Aktivität durch Retention des ^{24}Na an hydratisiertem Antimonpentoxid in Säulen (h = 20 bis 25 mm, ∅ = 4 mm) aus 10 N HCl.

*) Die Arbeit wurde im Rahmen eines koordinierten Forschungsprojektes der IAEA durchgeführt.

Anschriften: [1]) 8051 Dresden, Bad Weißer Hirsch, PSF 19; [2]) 1115 Berlin, Wiltbergstr. 50; [3]) 1134 Berlin, Nöldnerstr. 40 – 42; [4]) 8020 Dresden, Reichenbachstr. 71/73; [5]) 8019 Dresden, Fetscherstr, 74

Tab. 1. Bestrahlungsdaten für Haarproben

Element	Nuklid	$t_{1/2}$	E_γ, keV	Bestrahlungszeit	Bestrahlungs-position	Probenbearbeitung
F	^{20}F	11,6 s	1633,1	15–20 s		
Se	^{77m}Se	17,5 s	162,0	30 s		zerstörungsfreie Gammaspektrometrie
Ag	^{110}Ag	24,3 s	657,7	30 s	Pneumat. Bestrahlungsanlage	
Al	^{28}Al	2,3 m	1778,9	60 s		
J	^{128}J	25,0 m	442,9	60–120 s		
Cl	^{38}Cl	37,3 m	1642,4	60–90 s		
Mn	^{56}Mn	2,58 h	846,7	70 s		
Cu	^{64}Cu	12,74 h	511,0			chemische Abtrennung von ^{24}Na
Zn	^{69m}Zn	13,76 h	438,6	1 h		
Na	^{24}Na	15,05 h	1368,5			
Br	^{82}Br	35,4 h	776,7			
Au	^{198}Au	64,73 h	411,8			
Cr	^{51}Cr	27,72 d	320,1		Reaktor-Core	Auflösen der Proben mit konz. HNO_3
Sb	^{124}Sb	60,2 d	602,7	20 h		
Zn	^{65}Zn	243,8 d	1115,5			
Fe	^{59}Fe	45,1 d	1099,2			
Jr	^{192}Jr	74,0 d	316,5			
Se	^{75}Se	120,4 d	264,6	> 50 h		
Ag	^{110m}Ag	257,0 d	657,7			
Co	^{60}Co	5,25 y	1332,5			

Tab. 2. Störreaktionen bei der Aktivierung von Haarproben

Element	Störreaktion	Nuklid	$K_{Stör}$	$C_{Stör.\,max}$ ppm	C^x_{max}
S	n, p	^{32}P	0,075	45000	3400 P
S	n, α	^{31}Si	0,189	45000	8500 Si
Si	n, p	^{28}Al	$4{,}38 \times 10^{-3}$	2000	8,8 Al
P	n, α	^{28}Al	$1{,}54 \times 10^{-3}$	160	0,25 Al
P	n, p	^{31}Si	2,1	160	340 Si
Cl	n, α	^{32}P	$5{,}72 \times 10^{-3}$	4800	27,5 P
Cl	n, p	^{35}S	2,53	4800	12145 S
Na	n, α	^{20}F	$9{,}4 \times 10^{-3}$	200	1,9 F
Zn	n, p	^{64}Cu	$1{,}46 \times 10^{-3}$	200	0,29 Cu

Die Aktivitätsmessungen werden an einem im Zentralinstitut für Kernforschung Rossendorf hergestellten Meßsystem mit einem 4096-Kanal-Speicher unter Verwendung eines 18-cm^3-Ge(Li)-Detektors (Auflösung 2,8 keV bei 1330 keV) durchgeführt. Bei großen Serien wird ein Probenwechsler eingesetzt und der Meßablauf über einen programmierten Lochstreifen mit Hilfe eines Zentralsteuergerätes geregelt. Je nach der Präparataktivität liegen die Meßzeiten zwischen 100 und 4000 s, in Ausnahmefällen bei 10 h. Zur Spektrometrie kurzlebiger Radionuklide wird ein automatischer Totzeitkorrektor eingesetzt. Die gesuchte Elementkonzentration errechnet sich jeweils aus der Intensität der Gammastrahlung durch einen Vergleich mit der Aktivität des mitbestrahlten Standards.

In Tab. 1 sind die Bestrahlungsparameter für die von uns bestimmten Elemente zusammengestellt. Ebenfalls ist die Präparation zur Aktivitätsmessung zu entnehmen. Besonders schnelles Handeln erfordert das ^{20}F mit einer Halbwertszeit von 11,6 s. Aus der Tabelle ist ersichtlich, daß einige Elemente über zwei Nuklide (^{77m}Se, ^{65}Se; ^{110m}Ag; ^{110}Ag; ^{69m}Zn, ^{75}Zn) bestimmbar sind. Die Aufgabenstellung entscheidet letztlich das Bestimmungsnuklid und damit über die Bestrahlungsparameter.

Bei der Reaktorbestrahlung können durch (n, p)-, (n, α)- und (n, f)-Reaktionen neben dem durch eine (n, γ)-Reaktion gebildeten Nachweisnuklid andere Radionuklide entstehen, so beispielsweise aus Schwefel ^{32}P und ^{31}Si. Ein erhöhter Aluminiumgehalt kann sowohl durch Si als auch durch P vorgetäuscht werden. In Tab. 2 sind für die Haaranalyse wichtige Störreaktionen aufgeführt. Der Störfaktor $K_{Stör.}$ (Spalte 4) wird aus der Beziehung

$$K_{Stör.} = \frac{a_{Stör.}}{a} \cdot \frac{\Phi_{schnell}}{\Phi_{therm}}$$

berechnet, wobei $a_{Stör}$ und a die Aktivierbarkeiten (spezifische Aktivität auf die Neutronenflußdichte normiert) des störenden und des zu bestimmenden Elementes sind. Das Flußdichteverhältnis $\Phi_{schnell}/\Phi_{therm}$ beträgt im Reaktorcore 0,26. Für die Berechnung der Konzentration C gilt die Beziehung

$$C = C_{gemessen} - \sum_i C_{i\,Stör} \cdot K_{Stör.}$$

In Tab. 2 wird der vorgetäuschte Elementgehalt C^x_{max} durch die Beziehung $C^x_{max} = C_{Stör.\,max} \cdot K_{Stör}$ angegeben, der sich aus der im Haar maximal bestimmten Konzentration [16] eines störenden Elementes $C_{Stör.max}$ errechnet. Ist C^x_{max} kleiner als die Streuung von $C_{gemessen}$, so braucht man Störreaktionen nicht zu berücksichtigen.

Tab. 3. Spurenelementkonzentration [ppm] im menschlichen Kopfhaar
($\bar{g}$ = geometr. Mittelwert, σ = Standardabweichung, N = Anzahl der Werte)

Geschlecht			♀		♂			
Element	N	Bereich	$\sigma^{\times}_{:}$	$\bar{g}$	$\bar{g}$	$\sigma^{\times}_{:}$	Bereich	N
Zn	65	53–286	1,4	143	158	1,2	73–340	65
Cu	65	7,3–45,3	1,48	12,6	11,2	1,34	6,9–38,2	101
Mn	48	0,1–4,6	2,54	0,73	1,4	2,1	0,1–14	450
Cr —	—	—	—	—	0,54	1,85	0,2–2,8	56
Fe	4	28,4–100,2	1,71	52,6	33,8	1,51	25,2–45,2	2
Co	4	0,21–0,70	1,82	0,43	0,29	1,18	0,26–0,33	2
Se	26	0,15–0,38	1,31	0,29	0,35	1,24	0,21–0,53	30
Ag	24	0,06–1,10	2,37	0,29	0,20	2,5	0,05–1,70	28
Au	57	0,003–0,980	3,2	0,023	0,017	2,6	0,002–0,110	56
Cl	24	22–1762	5,2	228	1370	1,93	324–5638	76
F	10	30–150	1,67	61	43	2,24	16,5–149	6
J	24	0,12–6,35	2,80	0,65	1,04	1,8	0,25–3,10	76
Al*)	—	—	—	—	17,7	1,8	4,2–62	78

*) Gehalt kann durch Störanteile (Si, P) erhöht sein.

Tab. 4. Spurenelementkonzentrationen [ppm] im menschlichen Kopfhaar von Kontrollpersonen

Element	Rossendorf NAA			Literaturwerte NAA		Literaturwerte, optische Methoden	
	$\bar{g}$	Bereich	N	Zentralwert der Mittelwerte	Bereich	Zentralwert der Mittelwerte	Bereich
Zn	151	53–340	130	166	125–281	164	99–221
Cu	11,7	6,9–45,3	166	17,8	12,3–34	14,3	11–32
Mn	1,34	0,1–14,0	198	1,47	0,25–3,8	1,07	0,45–5,7
Cr	0,54	0,2–2,8	56	3,15	1,3–3,7	0,77	0,13–3,3
Fe	45,3	25–100	6	32,6	7,5–35	22,3	5–67,6
Co	0,38	0,21–0,70	6	0,45	0,25–1,05	0,21	0,2–0,29
Ag	0,24	0,05–1,7	54	2,28	0,75–3,8	1,0	0,025–1,2
Al	17,7*)	4,2–62,8	78	4,5	4,2–4,6	16,8	4,2–29,3
J	0,94	0,12–6,35	100	1,02	0,09–15,1	—	—
Se	0,31	0,15–0,53	56	1,95	0,75–6,4	—	—
Au	0,019	0,002–0,982	113	0,071	0,0017–1,25	—	—
Cl	890	22–5638	100	1755	950–4805	—	—
F	54	30–150	16	—	—	—	—

*) Gehalt kann durch Störreaktionen (Si, P) erhöht sein.

Ergebnisse

1. *Mittelwerte von Kontrollgruppen*

Tab. 3 zeigt eine Aufstellung der von uns bestimmten Spurenelementgehalte im Haar, unterschieden nach Geschlecht. Wir finden keine Abhängigkeit vom Alter und von der Haarfarbe und für einige Elemente auch keine Geschlechtsabhängigkeit. In Tab. 4 werden die Werte, unabhängig vom Geschlecht, Literaturwerten, getrennt nach der Bestimmung mittels NAA und optischer Analysenverfahren, gegenübergestellt. Die angegebenen Zentralwerte und Gehaltsbereiche für die Literaturwerte resultieren aus einer Zusammenstellung der Mittelwerte von *Jyengar* et al. [16]. Bei einigen Elementen ist eine relativ gute Übereinstimmung festzustellen. Bei Se und Ag liegen die von uns gefundenen Gehalte um fast eine Größenordnung niedriger. Ein gleichfalls niedriger Wert für Selen wird auch von *J. Obrusnik* [17] angegeben. Die Differenzen zwischen den Gehalten können auf territoriale Unterschiede und die damit verbundenen Ernährungs- und Lebensgewohnheiten zurückzuführen sein. Es ist aber auch möglich, daß einige Autoren zu hohe Se-Werte erhalten haben, weil sie zur Se-Bestimmung die für ^{75}Se intensive, aber durch ^{203}Hg gestörte Linie bei 280 keV ausgewertet haben. Ein entsprechender uns unterlaufener Fehler wurde nach der Messung des ^{77m}Se aufgedeckt.

Der Streubereich für Gold ist zwischen den einzelnen Bearbeitern [16] sehr groß, aber auch bei unseren Messungen schwankt der Goldgehalt um über zwei Größenordnungen.

2. *Berufsbedingte Exposition mit verschiedenen Elementen*

Zur Klärung arbeitsmedizinischer Fragen wurde im Haar bei Werftschweißern Mangan, bei Spezialschweißern Chrom

Tab. 5. Elementgehalt [ppm] im Haar in Abhängigkeit von Beruf, Krankheit, Medikament ($\bar{g}$ = geometr. Mittelwert, σ = Standardabweichung, N = Anzahl der Werte)

Kontrollgruppe					spezielle Gruppe			
Element	Geschlecht	N	$\sigma_{\cdot}^{\times}$	$\bar{g}$	$\bar{g}$	$\sigma_{\cdot}^{\times}$	N	Bezeichnung
Mn	♂	450	2,1	1,4	7,0	2,3	460	Werftschweißer
Cr	♂	56	1,85	0,54	2,27	2,3	52	Spezialschweißer
F	♂ ♀	16	1,89	54	897	2,24	18	Fluorarbeiter
Zn	♀				186	1,1	64	Mammakarzinom
	♀	65	1,4	143	174	1,3	63	Schilddrüsenkarz.
	♀				190	1,3	28	malig. Melanom der Haut
Se	♀	26	1,3	0,29	0,38	1,2	38	Strumaträger
J	♂ ♀	100	2,5	0,94	0,30	1,7	71	Strumaträger
Zn	♀	65	1,4	143	273	1,5	30	Kontrazeptiva

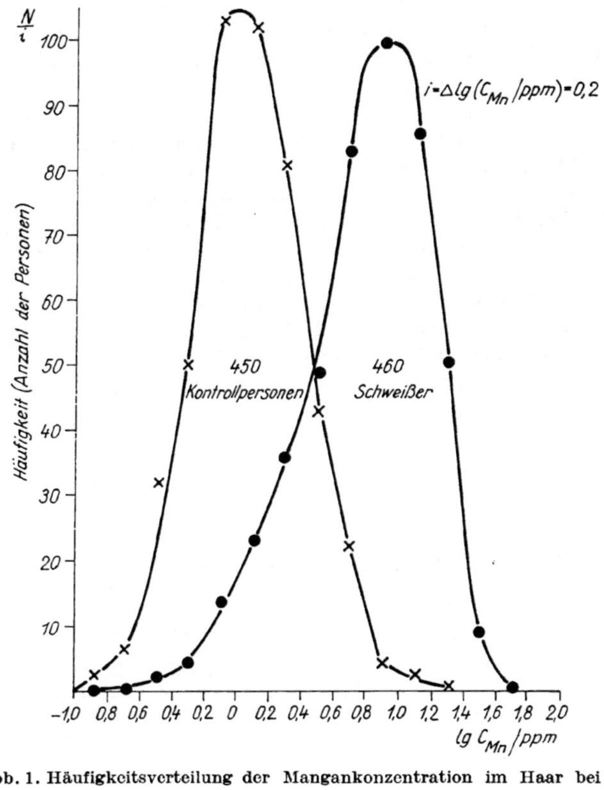

Abb. 1. Häufigkeitsverteilung der Mangankonzentration im Haar bei Schweißern und nicht exponierten Kontrollpersonen der gleichen Betriebe

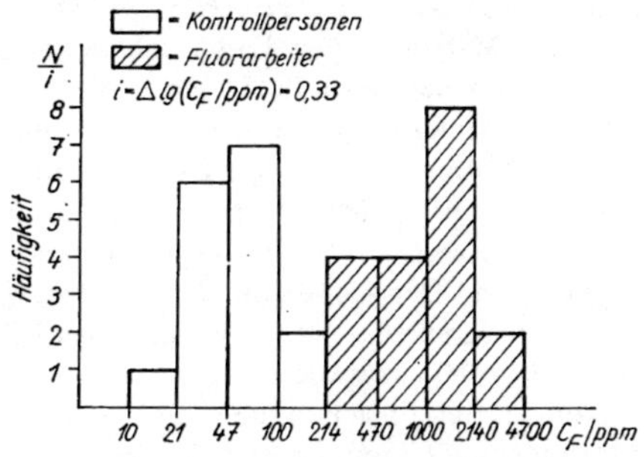

Abb. 2. Häufigkeitsverteilung der Fluorkonzentration im Haar bei Fluorarbeitern und Kontrollpersonen

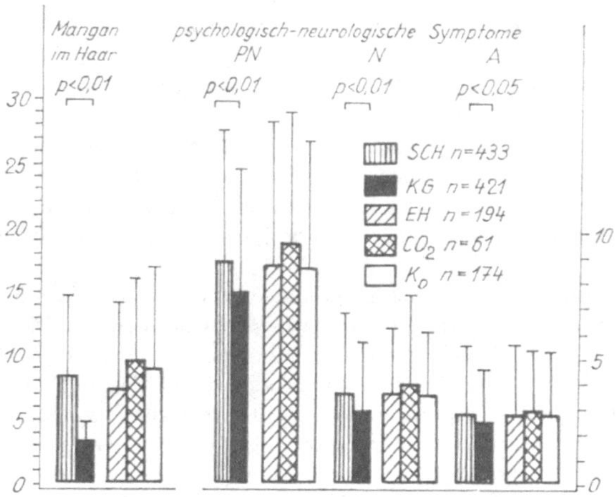

Abb. 3. Mittelwerte des Mangangehaltes und der Punktsummenwerte von drei Kategorien (PN = Psycho- und neurovegetative Stabilität, N = Neurologische Symptome, A = Antrieb) eines psychologisch-neurologischen Fragebogens

Weitere Abkürzungen: SCH = Schweißer; KG = Kontrollgruppe; EH = Elektroden-Hand-Schweißer; CO_2 = CO_2-Schutzgasschweißer; K_0 = Schweißer, die beide Verfahren anwenden; n = Anzahl der Personen

und Aluminium, bei Fluorarbeitern Fluor bestimmt. Dabei findet man im Falle des Mn, Cr und F eine signifikante Gehaltserhöhung bei den beruflich exponierten gegenüber den Kontrollpersonen (Tab. 5). Die in Abb. 1 und 2 dargestellten Verteilungskurven lassen den Schluß zu, daß die erhöhten Gehalte als wichtige Kenngrößen für die Expositionsbewertung Werktätiger herangezogen werden können. Die Auswertung der Manganbestimmung im Serum zeigte dagegen keinen Unterschied zwischen Schweißern und Kontrollpersonen und keine Relation zwischen dem Mangangehalt im Haar und im Serum [18].

Mittelwerts- und Häufigkeitsanalysen für unterschiedliche Expositionsgruppen weisen auf Beziehungen zwischen Mangehalt und bestimmten Parametern des Gesundheitszustandes, insbesondere des Nervensystems und des Atemtraktes, hin. Abb. 3 zeigt die Auswertung eines psychologisch-neurologischen Fragebogens in Abhängigkeit vom Mn-Gehalt im Haar. Dieser in drei Kategorien aufgeteilte psychonervale Erhebungsbogen hat Screeningcharakter und läuft mit den Manganwertdifferenzen parallel, d. h. beispielsweise, die CO_2-Schutzgasschweißer erreichen die höchsten Punktwerte im Sinne pathologischer Befunde, und man findet bei ihnen die höchsten Mangankonzentrationen im Haar. Die Schweißer, die beide Verfahren anwenden, liegen zwischen den CO_2-Schutzgasschweißern und den Elektrohandschweißern. Diese Ergebnisse sind nach [19] eine geeignete Grundlage für die Ausarbeitung eines Expositionstestes.

Bei Spezialschweißern, die aluminiumhaltiges Material verschweißen, sind derartig signifikante Unterschiede im Al-Gehalt nicht erkennbar.

3. *Anwendung in der klinischen Medizin*

Einige Beispiele aus dem Klinikbereich zeigen, daß eine Korrelation zwischen dem Elementgehalt im Haar und der Existenz eines Krankheitssymptoms oder eines gestörten Funktionssystems bestehen kann.

Tab. 5 enthält die Zinkgehalte krebsgesunder Frauen und an einem Schilddrüsen- und Brustdrüsenkrebs sowie an einem malignen Melanom der Haut erkrankten Personenkreis. Es wird deutlich, daß die Zinkwerte für die vorgenannten malignen Tumore gegenüber der Kontrollgruppe ausnahmslos eine Erhöhung aufweisen. Damit können hinsichtlich der möglichen Dignität der Tumoren Aussagen gemacht werden. Wenngleich auch eine Differenzierung der Tumoren bezüglich ihrer Organspezifik allein mit dem Zink vorerst noch nicht möglich ist, kann die Zinkbestimmung im Haar eine wertvolle zusätzliche Information liefern. Hierfür ein Beispiel: Bei Patientinnen, die wegen mastopathischer Veränderungen der Brustdrüse zur Operation eingewiesen wurden, fand man Zinkwerte, die den Mammakarzinomträgerinnen entsprachen. Die histologischen Untersuchungenergebnisse der exzidierten Veränderungen aber wurden zum gleichen Zeitpunkt als „gutartig" klassifiziert. Nach unterschiedlich langen Zeiträumen stellte man nach neuerlichen Operationen jedoch histologische Mikrokarzinome fest.

Tab. 5 enthält Spurenelementkonzentrationen im Haar von Strumapatienten. Bei Strumapatienten findet man einen kleinen, aber signifikanten Selenanstieg und eine deutliche Verringerung des Jodgehaltes gegenüber der Kontrollgruppe.

Interessant ist das Ergebnis einer Versuchsserie mit Personen, die regelmäßig Kontrazeptiva einnehmen. Wie aus Tab. 5 ersichtlich, steigt der Zinkgehalt beachtlich zu höheren Werten an. Das bedeutet u. a., daß bei diesem Personenkreis beispielsweise eine Tumorerkrankung durch einen erhöhten Zinkgehalt im Haar nicht erkannt werden kann. Es wird deshalb geprüft, inwieweit neben dem Zink anderen Elementen (Fe, Cu, Mn, Se, Cr) eine gewisse Bedeutung zukommt.

Schlußfolgerungen

Die aktivierungsanalytische Spurenelementbestimmung im Haar ist ein wichtiges Hilfsmittel zur Untersuchung des Einflusses von Spurenelementen, ihrer Versorgung und der verschiedenartigen Belastung auf den menschlichen Organismus. Dabei ist von Vorteil, daß der Natriumgehalt, der bei anderen biologischen Proben (Gewebe, Serum) die aktivierungsanalytische Bestimmung behindert, im Haar relativ niedrig liegt. Obgleich die Bestimmung von Fe, Cu und Zn auch, aufgrund der hohen Gehalte, mittels Atomabsorptionsspektrometrie oder Spektralphotometrie möglich ist, ist die Anwendung der NAA für diese Elemente sinnvoll, wenn man sich zusätzlich noch für andere Elemente wie Cr und Co interessiert. Für die Bestimmung von Jod, Selen, Gold, Chlor, Fluor im Haar steht ohnehin nur die NAA zur Verfügung.

Voraussetzung für die Interpretation von gesundem und krankhaftem Zustand oder von unbelasteten und exponierten Personen ist eine möglichst authentische Kenntnis von Normalwerten gesunder Personen, soweit überhaupt von echten Normalwerten gesprochen werden kann. Zur Ermittlung von Normalwerten dient ein spezielles Forschungsprojekt der IAEA [15]. Da die Spurenelementgehalte von einer Vielzahl von Faktoren, wie z. B. der geographischen Lage des Wohnortes, der damit verbundenen Boden- und Trinkwasserzusammensetzung und der Luftverunreinigung, den Ernährungs- und Lebensgewohnheiten, dem beruflichen Umgang mit verschiedenen Elementen, der Inkorporation von Metallen, von metallhaltigen Zahnfüllungen, der Einnahme von Hormonen und Medikamenten abhängen, stellen die als Normalwerte (Kontrollgruppe) bezeichneten Größen Vergleichswerte dar, bei denen spezielle Einflußfaktoren nicht wirksam geworden sind. Analogen komplexen Beeinflussungen unterliegen auch andere, bereits erfolgreich angewandte, klinisch-chemische Untersuchungsergebnisse.

Die Elementgehalte bilden keine krankheitsspezifische Methode, ihre Beurteilung ist nur im Rahmen des gesamten klinischen Befundes möglich, wo sie ein wertvolles Hilfsmittel in der Verlaufsbeobachtung, Überwachungs- und Wiederholungsuntersuchung darstellen können. Berufsbedingte Belastungen, Versorgungsmangel und hormonelle Störungen und Beeinflussungen lassen sich in einigen Fällen bereits aus dem begrenzten Untersuchungsmaterial ablesen. Die Erforschung der Rolle der Spurenelemente im menschlichen Organismus wird dabei durch die mit der NAA gegebene Möglichkeit, geringe Konzentrationen zu bestimmen, beträchtlich stimuliert.

Eingegangen am 24.9.1980

Literatur

[1] *R. Frey*, Spurenelemente, Physiologie, Pathobiochemie, Therapie, F. K. Schattauer Verlag, Stuttgart – New York 1979
[2] *E. Gladtke* et al., Spurenelemente, Analytik, Umsatz, Bedarf, Mangel und Toxikologie. Symp. Bad Kissingen, Georg Thieme Verlag, Stuttgart 1979
[3] *L. Flohe, W. A. Günzler* et al., Febs Letters **32** (1973) 132
[4] *R. S. Gibson, M. S. De Wolfe*, Am. J. of Clinical Nutrition **32** (1979) 1728
[5] *P. A. Walravens, M. D.* and *K. M. Hambridge* Am. J. of Clinical-Nutrition **29** (1976) 1114
[6] *R. S. Gibson, M. S. De Wolfe*, Pediat. Res. **13** (1979) 959
[7] *D. E. Ryan* et al., Clinical chemistry **24** (1978) 1996
[8] *K. M. Hambidge*, et al., Am. J. of Clinical Nutrition **25** (1972) 376
[9] *K. M. Hambidge* et al., Am. J. of Clinical Nutrition **26** (1973) 1212
[10] *H. G. Heinze* et al., Nucl. Med. **XVI**, 5 (1977) 224
[11] *J. Lombeck, K. Kasparek* et al., Eur. J. Pediatr. **128** (1978) 213
[12] *A. Imahori* et al., J. of Radioanal. Chem. **52** (1979) 167
[13] *M. Terai, A. Akabame* et al., J. of Radioanal. Chem. **52** (1979) 43
[14] *H. Geidel, W. Wiesener*, Dt. Gesundh.-Wesen **33** (1978) 448
[15] *Yu. S. Ryabukhin*, Report IAEA/RL 50 (Okt. 1978)
[16] *G. V. Jyengar, W. E. Kollmer, H. J. M. Bowen*, The Elemental Composition of Human Tissues and Body Fluids, Verlag Chemie, Weinheim, New York 1978, 51 – 54
[17] *J. Obrusnik, V. Bencko*, Radiochem. Radioanal. Letters **38** (1979) 189
[18] *W. Wiesener, W. Grund*, Isotopenpraxis **14** (1978) 147
[19] *W. Grund, D. Schneider, W. Wiesener*, J. Radioanal. Chem. **58** (1980) 319

Radiometrische Bestimmung der Ionenbeweglichkeiten von Koordinationsverbindungen des Silbers

R. Dreyer, I. Dreyer, S. Riedel

(Technische Universität Dresden, Sektion Chemie)[1])

Die Ionenbeweglichkeiten von Silberkoordinationsverbindungen wurden bei 25 °C unter Verwendung von mit ^{110m}Ag markierten Verbindungen nach einer radiometrischen Methode in unterschiedlichen Elektrolyten gemessen. Die für unendliche Verdünnung extrapolierten Werte betragen für:

$[Ag(CN)_2]^- = 5{,}4 \pm 0{,}1 \cdot 10^{-4}\ cm^2\ s^{-1}\ v^{-1}$

$[Ag(NH_3)_2]^+ = 5{,}8 \pm 0{,}1 \cdot 10^{-4}\ cm^2\ s^{-1}\ v^{-1}$

$[Ag(S_2O_3)_2]^{3-} = 9{,}0 \pm 0{,}1 \cdot 10^{-4}\ cm^2\ s^{-1}\ v^{-1}$

Erste Untersuchungen zur Ionenbeweglichkeit des Ag^{2+}-Kations in $K_2S_2O_8$-Lösungen (Konzentrationsbereich $1 \cdot 10^{-3} - 1 \cdot 10^{-2}$ M $K_2S_2O_8$) ergaben für $W_\infty = 6{,}10 \pm 0{,}10 \cdot 10^{-4}\ cm^2\ s^{-1}\ v^{-1}$. Der Wert steht in guter Übereinstimmung mit den für Kationen vom Typ Me^{2+} bekannten Angaben.

Keywords

electrolytes; ion mobility; radiometric methods; silver 110; silver complexes

Einleitung

Über die Bestimmung der Ionenbeweglichkeiten bzw. Einzelionenleitfähigkeiten in wäßrigen und nichtwäßrigen Systemen gibt es im Zeitraum von 1920 bis 1930 zahlreiche Publikationen. Das Zahlenmaterial ist in den verschiedensten Standardnachschlagewerken zusammengefaßt. Die Zahl der Koordinationsverbindungen, für die Ionenbeweglichkeiten ermittelt wurden, ist sehr gering und umfaßt nur einige Komplexe des Kobalts, des Eisens und des Goldes [1].

Die radiometrische Methode zur Bestimmung der Wanderungsgeschwindigkeit von Ionen erlaubt Untersuchungen in den unterschiedlichsten Elektrolyten und erfaßt ein Gebiet, welches mit den klassischen elektrochemischen Methoden nur schwierig, oder im Falle trägerfreier Verbindungen überhaupt nicht zugänglich ist. Für Ionen von nur trägerfrei vorkommenden Elementen läßt sich in dieser Weise eine exakte physikalische Konstante ermitteln.

Am Beispiel des Silberkations Ag^+ konnte der Einfluß des Elektrolyten auf die Ionenbeweglichkeit nachgewiesen werden [2]. Für die in der analytischen Chemie gebräuchlichsten Koordinationsverbindungen des Silbers, wie $[Ag(CN)_2]^-$, $[Ag(NH_3)_2]^+$, $[Ag(S_2O_3)_2]^{3-}$, lagen bisher keine Angaben über die Wanderungsgeschwindigkeiten vor.

Experimentelles und Ergebnisse

^{110m}Ag

50 mg Silber wurden bei einem Neutronenfluß von ca. $3-5 \cdot 10^{13}\ n/cm^2 \cdot s$ 190 h im Kernreaktor des ZfK Rossendorf bestrahlt. Nach dem Lösen des Targets in konz. HNO_3 wurde das $AgNO_3$ abgetrennt und in 2 ml 1 M HNO_3 aufbewahrt.

$[Ag(CN)_2]^-$

0,1 ml der mit ^{110m}Ag markierten $AgNO_3$-Lösung wurde mit 0,2 ml 1 M HCl versetzt, das AgCl abzentrifugiert und dreimal mit dest. Wasser gewaschen. Der Niederschlag wurde in 1 ml 0,1 M KCN-Lösung gelöst und im Dunkeln aufbewahrt.

$[Ag(NH_3)_2]^+$

AgCl wurde, wie oben angegeben, präpariert und anschließend in 1 ml 1 M Ammoniaklösung gelöst.

$[Ag(S_2O_3)_2]^{3-}$

Darstellung des AgCl wie bei $[Ag(CN)_2]^-$ angegeben. Das gewaschene AgCl wurde anschließend in 1 ml 0,1 M $Na_2S_2O_3$-Lösung gelöst und im Dunkeln aufbewahrt.

Alle für die Darstellung der Elektrolyten verwendeten Chemikalien waren vom Reinheitsgrad p. a. Die Messung der Ionenbeweglichkeiten erfolgte in einer Meßanordnung, deren Prinzip in [3] beschrieben ist. Die Aktivitätsmessung wurde unter Verwendung einer stationären Meßanordnung mit drei Szintillationsmeßsonden bzw. mit einer beweglichen Szintillationsmeßsonde vom Typ VA-S-50 durchgeführt.

Abb. 1 zeigt eine der charakteristischen Meßkurven für die stationäre Meßanordnung. Bei Verwendung der beweglichen Meßsonde können auf eine Meßstrecke von 40 cm für die Silberkoordinationsverbindungen bis zu 7 Aktivitätsdurchgänge gemessen werden. Die verwendeten experimentellen Anordnungen erlaubten es, Messungen in Elektrolyten bis zu einer Konzentration von $1 \cdot 10^{-3}$ M durchzuführen.

Tab. 1. Ionenbeweglichkeiten des $[Ag(CN)_2]^-$ in KCN- und $Na_2S_2O_3$-Lösungen, Temperatur 25 °C

Elektrolyt	Konz., Mol/l	Ionenbeweglichkeit $\cdot 10^4\ cm^2\ s^{-1}\ v^{-1}$
KCN	$2 \cdot 10^{-3}$	5,18 ± 0,10
	$4 \cdot 10^{-3}$	5,03 ± 0,10
	$6 \cdot 10^{-3}$	4,87 ± 0,10
	$1 \cdot 10^{-2}$	4,96 ± 0,10
$Na_2S_2O_3$	$2 \cdot 10^{-3}$	5,14 ± 0,10
	$1 \cdot 10^{-2}$	4,68 ± 0,10

[1]) Anschrift: DDR-8027 Dresden, Mommsenstr. 13

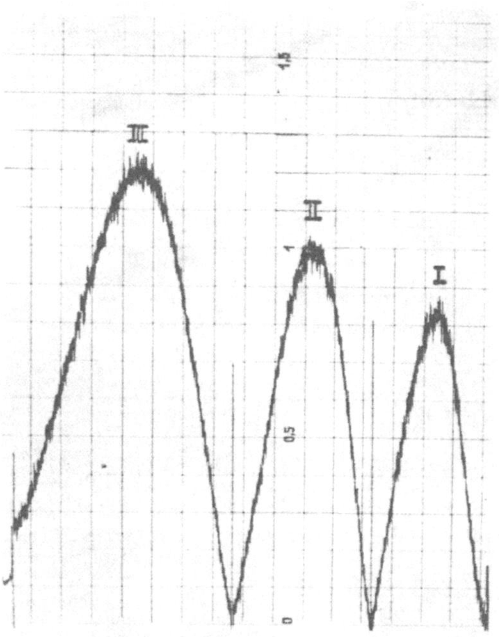

Abb. 1. Elektromigration des $[Ag(S_2O_3)_2]^{3-}$ in $6 \cdot 10^{-3}$ M KNO_3 Spannungsgradient 14,4 V/cm, Abstand zwischen den Meßsonden I – II 7,3 cm, II – III 10 cm, Temperatur 25 °C

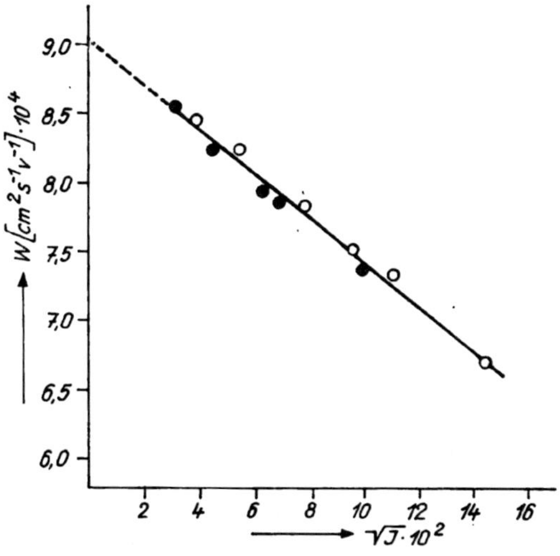

Abb. 2. Ionenbeweglichkeit des $[Ag(S_2O_3)_2]^{3-}$ bei 25 °C
Elektrolyt: ○ $Na_2S_2O_3$, ● KNO_3

In Abb. 2 sind die Ergebnisse zur Ionenbeweglichkeit des Silberthiosulfatkomplexes $[Ag(S_2O_3)_2]^{-3}$ in $Na_2S_2O_3$ und in KNO_3 als Elektrolyten zusammengestellt. Die Extrapolation auf unendliche Verdünnung ergibt für beide Elektrolyte $W_\infty = 9{,}0 \pm 0{,}1 \cdot 10^{-4}\,cm^2\,s^{-1}\,v^{-1}$. Der Wert steht in guter Übereinstimmung mit bisher bekannten Angaben zur Ionenbeweglichkeit von dreiwertigen Ionen. Die Angaben zur Ionenbeweglich,keit von $[Ag(CN)_2]^-$ und $[Ag(NH_3)_2]^+$ sind in Tab. 1 und 2 zusammengestellt. Die Extrapolation auf W_∞ ergibt für

Tab. 2. Ionenbeweglichkeit des $[Ag(NH_3)_2]^+$ in ammoniakalischer Lösung, Temperatur 25 °C

Elektrolyt	Konz., Mol/l	Ionenbeweglichkeit $\cdot 10^4\,cm^2\,s^{-1}\,v^{-1}$
$NH_3 \cdot aq$	$5 \cdot 10^{-1}$	$5{,}79 \pm 0{,}10$
	$8 \cdot 10^{-1}$	$5{,}69 \pm 0{,}10$
	$1 \cdot 10^{-1}$	$5{,}73 \pm 0{,}10$
	$5 \cdot 10^{-1}$	$5{,}74 \pm 0{,}10$
	$8 \cdot 10^{-1}$	$5{,}60 \pm 0{,}10$
	$10 \cdot 10^{-1}$	$5{,}64 \pm 0{,}10$
$NH_3 \cdot aq$	$5 \cdot 10^{-2}$	$5{,}65 \pm 0{,}10$
NH_4NO_3	$1 \cdot 10^{-2}$	
	$5 \cdot 10^{-2}$	$5{,}72 \pm 0{,}10$
	$5 \cdot 10^{-3}$	
	$5 \cdot 10^{-2}$	$5{,}82 \pm 0{,}10$
	$1 \cdot 10^{-3}$	

$$[Ag(CN)_2]^- = 5{,}4 \pm 0{,}1 \cdot 10^{-4}\,cm^2\,s^{-1}\,v^{-1} \quad \text{und für}$$

$$[Ag(NH_3)_2] = 5{,}8 \pm 0{,}1 \cdot 10^{-4}\,cm^2\,s^{-1}\,v^{-1}$$

Erste Versuche zur Kenntnis der Ionenbeweglichkeiten des Ag^{2+}-Kations in wäßrigen Lösungen führten wir nach Oxydation des Ag^+ in salpetersaurer Lösung mit $K_2S_2O_8$ in Lösungen unterschiedlicher Konzentration von $K_2S_2O_8$ (Konzentrationsbereich $2 \cdot 10^{-3} - 1 \cdot 10^{-2}$ M) durch. Die erhaltenen Werte nehmen von $5{,}99 \cdot 10^{-4}$ auf $5{,}76 \cdot 10^{-4}\,cm^2\,s^{-1}\,v^{-1}$ ab. Für unendliche Verdünnung ergibt sich

$$W_\infty = 6{,}10 \pm 0{,}10 \cdot 10^{-4}\,cm^2\,s^{-1}\,v^{-1}\,.$$

Der Wert ist deutlich von dem des Ag^+ mit $6{,}49 \pm 0{,}05$ $10^{-4}\,cm^2\,s^{-1}\,v^{-1}$ unterschieden und ordnet sich zwanglos in die Reihe der Ionenbeweglichkeiten von Kationen des Typs Me^{2+} ein.

Frau *K. Thümmel* danken wir für die Unterstützung bei den Messungen.

Eingegangen am 21. 5. 1980

Literatur

[1] *R. Parson*, Handbook of Elektrochemical Constants 1959
[2] *R. Dreyer, I. Dreyer, A. Kolaczkowski, S. Riedel*, Isotopenpraxis **16** (1980) 117
[3] *I. Dreyer, R. Dreyer, V. A. Chalkin*, Radiochem. Radioanal. Lett. **35** (1978) 257

Supported Nickel-Cobalt Oxide Catalysts for the Isotopic Exchange of Deuterium between Hydrogen and Water Vapour

F. Abou El-Nour[1]), *N. Belacy*

(Nuclear Chemistry Department, Atomic Energy Establishment, Cairo, Egypt)

The specific catalytic activity of supported nickel-cobalt(II) oxide catalysts for the isotopic exchange of deuterium between hydrogen and water in the vapour phase was tested. The specific surface area of the catalysts was evaluated by nitrogen adsorption at −195·8 °C and application of the BET-equation. The specific metallic surface area for these catalysts was carried out at liquid nitrogen temperature by hydrogen adsorption. Comparison between the specific activity of the catalysts and the specific surface area and specific metallic surface area was made. The results of this study indicated that nickel catalysts supported with 15−20 mole% CoO exhibit a relatively high catalytic activity for the isotopic exchange reaction between hydrogen and water vapour, high specific surface area and high specific metallic surface area.

Keywords

catalysts; cobalt; deuterium; hydrogen; isotopic exchange; nickel; water vapor

1. Introduction

Nickel based catalysts proved to be efficient for deuterium exchange reaction between hydrogen and water vapour [1]. Their catalytic activity for such process is compared with that of Pt-catalyst [2]. Previous studies indicated that chromium(III) oxide represents a suitable support for nickel to be used for such exchange reaction [3, 4]. Accordingly two types of research work are recommended in this respect: either to replace chromia with another support or to promote nickel-chromium(III)oxide catalysts with a second support producing tertiary one [5, 6]. In the present work nickel was supported with cobalt(II)oxide.

2. Experimental

Nickel-cobalt(II)oxide mixed catalysts of different compositions were prepared by an experimental technique reported elsewhere [7]. The activity of the catalysts for the isotopic exchange of deuterium between hydrogen and water in the vapour phase according to the reaction:

$$HDO_{vap.} + H_2 \rightleftharpoons H_2O_{vap.} + HD$$

was measured using an exchange apparatus described before [5]. Calculations of the catalytic activity were carried out using the equation:

$$\text{specific activity} = \frac{F \cdot B}{(1 + BK)\, w} \ln \frac{N_{\infty}^{HD} - N^{H_2}}{N_{\infty}^{HD} - N^{HD}}$$

where F is the hydrogen flow rate (mol/s), B is the partial pressure, K is the equilibrium constant at the reaction temperature, w is the weight of catalyst used, N_{∞}^{HD} is the deuterium concentration at equilibrium (at. %), N^{H_2} is the initial concentration of deuterium (at. %) and N^{HD} is the final concentration of deuterium (at. %).

The specific surface area of the supported catalysts was measured by nitrogen adsorption at −195·8 °C and application of the BET-equation.

The specific metallic surface area by hydrogen chemisorption on catalysts at liquid nitrogen temperature was measured too.

[1]) Present address of correspondence: Chemistry Department, Faculty of Science, Riyadh University, Riyadh, Saudi Arabia

3. Results and discussion

The results of catalysts activity for the isotopic exchange of deuterium between hydrogen and water vapour, specific surface area and specific metallic surface area are summarized in tab. 1.

Tab. 1. Catalytic activity, specific surface area (S_{BET}) and specific metallic surface area (S_{Me}) of supported nickel(II)oxide mixed catalysts

catalyst	Ni/Co-ratio mol %	S_{BET} m²/g	S_{Me} m²/g	sp. activity × 10⁵ mol D/s.g.
B-1	100/0	8·14	1·52	0
B-2	95/5	25·01	2·78	1·21
B-3	90/10	47·55	4·40	1·57
B-4	85/15	55·02	10·85	3·95
B-5	80/20	52·00	11·23	4·02
B-6	75/25	73·40	8·17	0·43

The results given in tab. 1 show that nickel catalysts supported by 15−20 mol. % cobalt(II)oxide exhibit relatively high efficiency for the isotopic exchange of deuterium between hydrogen and water vapour, high surface area and high metallic surface area.

Received June 18, 1980

References

[1] *E. H. Taylor, G. G. Joris*, "Production of Heavy Water", McGraw-Hill Book Company Inc., N.Y. 1955

[2] *F. Abou El-Nour, M. Abd El-Khalik, S. Hassan*, J. Appl. Chem. Biotechnol. **25** (1975) 753

[3] *P. Margineanu, A. Olariu*, J. Catalysis **8** (1967) 359

[4] *E. Hallaba, F. Abou El-Nour, E. Abdel-Wahab*, Arab Journal of Nuclear Sciences and Applications **6** (1973) 133

[5] *F. Abou El-Nour, H. Schütze*, Isotopenpraxis **8** (1972) 391

[6] *F. Abou El-Nour, M. Abd El-Khalik, N. Belacy, E. Hallaba*, Isotopenpraxis **13** (1977) 179

[7] *F. Abou El-Nour, H. Schütze, K. Wetzel*, Patentscrift No. 87562, DDR 1972

Probleme der nichtisotopen Markierung von Polymerschmelzen

H. Vocke, L. Naschke, W. Dewitz

(VEB Chemiefaserwerk „Herbert Warnke", Wilh.-Pieck-Stadt Guben, Hauptabteilung Forschungslabor)[1])

Es werden Probleme der Auswahl radiochemischer Verbindungen, des Strahlenschutzes und der Interpretation experimenteller Verweilzeitverteilungen bei der nichtisotopen Markierung von Polymerschmelzen zur Durchführung von Verweilzeituntersuchungen an industriellen Polykondensationsreaktoren und Extrusionsspinnanlagen zur Herstellung von Chemiefasern aus Polyamid-6 und Polyäthylenterephthalat dargestellt und bisher angewandte Praktiken der nichtisotopen Markierung dieser Polymerschmelzen einer Wertung unterzogen.

Keywords

bromine 82; industry; labelling; lanthanum 140; melts; polymers; residence time; tracer techniques

1. Einleitung

Für die in der Rangfolge wichtigsten Chemiefasern aus Polyamid-6 und Polyäthylenterephthalat werden als Grundstoffe ε-Caprolactam einerseits sowie Terephthalsäure bzw. Dimethylterephthalat und Äthylenglykol andererseits eingesetzt.

Die Umwandlung dieser monomeren Ausgangsstoffe in das polymere Produkt durch Polykondensation ist ein komplexer chemisch-technologischer Prozeß, der sowohl diskontinuierlich wie auch kontinuierlich geführt wird. Das mit der Polykondensation eine Einheit bildende Verspinnen des polymeren Produkts ist als eigenständige Verfahrensstufe im Herstellungsprozeß anzusehen (Abb. 1), wobei die Granulatverspinnung gegenüber der Direktverspinnung aus der Schmelze überwiegt [1].

[1]) Anschrift: 756 Wilhelm-Pieck-Stadt Guben, Straße der Chemiearbeiter

Dem wachsenden Bedarf an Chemiefasern entsprechend richtet sich das Bemühen des Chemiefaserherstellers auf eine ständige Erhöhung der Produktmenge und der Produktqualität. Die für eine Rationalisierung vorhandener Produktionsanlagen notwendigen Eingriffe in das technisch-technologische Regime kompletter Produktionslinien sind ohne Prozeßanalyse nicht denkbar. Dabei spielt die Verweilzeitanalyse zur Untersuchung von Materialtransportvorgängen in kontinuierlich betriebenen chemischen Reaktoren und Apparaten eine wichtige Rolle [2].

Dem allgemeinen Trend der letzten Jahre folgend hat sich in der Chemiefaserindustrie die Anwendung radioaktiver Nuklide als Indikatoren für die Verweilzeitanalyse durchgesetzt und bewährt. Bedingt durch Strahlenart, Energie der Strahlung, Halbwertszeit und Aufwand an Meßtechnik hat die isotope Markierung der Ausgangsstoffe mit Kohlenstoff ^{14}C oder Tritium gegenüber der nichtisotopen Markierung unter Verwendung von Quantenstrah-

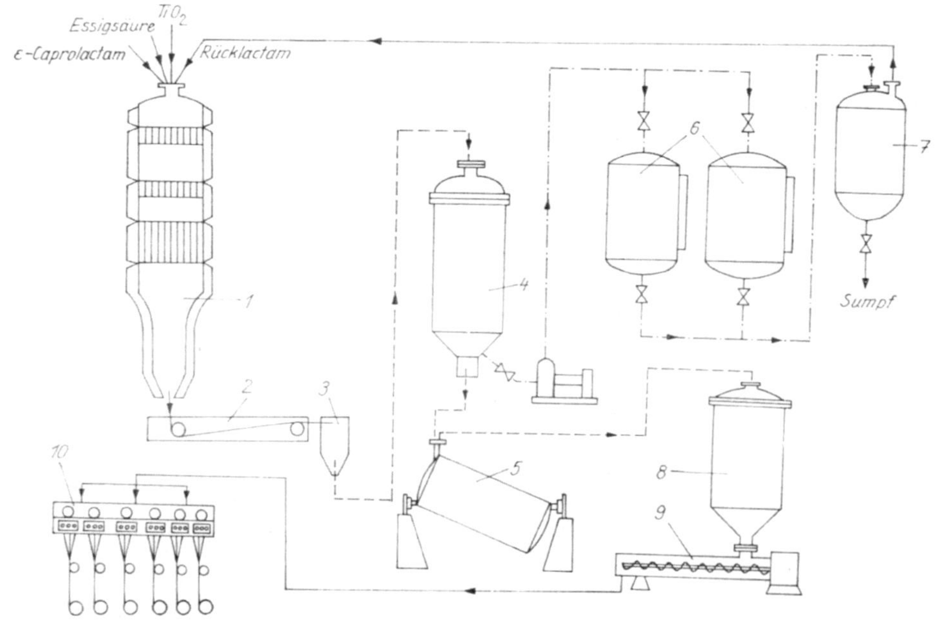

Abb. 1. Schema der Polyamid-6 Herstellung nach dem VK-Verfahren

1 – VK-Rohr; 2 – Gießwanne; 3 – Granulator; 4 – Extraktor; 5 – Trockner; 6 – Verdampfer; 7 – Destillationsblase; 8 – Schnitzelbehälter; 9 – Extruder; 10 – Spinnmaschine
——— Caprolactam/Polyamidschmelze; – – – Granulat; –·–· Extraktwasser

lung aussendenden Radionukliden mit Halbwertszeiten zwischen 10 und 100 Stunden kaum Eingang in die Praxis der Verweilzeitmessung an industriellen Anlagen gefunden.

Für die nichtisotope Markierung von Polymerschmelzen ist jedoch von Nachteil, daß die am häufigsten verwendeten Radionuklide (Tab. 1), bedingt durch die in der Ausgangslösung vorliegende chemische Form, sowohl in ihrem chemischen wie auch physikalischen Verhalten dem zu markierenden Materialstrom nur bedingt entsprechen.

Tab. 1. Häufig verwendete radioaktive Indikatoren

Radionuklid	Halbwertszeit	Energie der Strahlung, MeV
Kalium-42	12,5	1,5
Kupfer-64	12,8	1,3
Natrium-24	15,0	1,3; 2,7
Brom-82	35,9	1,3
Lanthan-140	40,2	1,6
Gold-198	64,7	0,41
Yttrium-90	64,2	2,18 (Beta)

2. Nichtisotope Markierung von Polymerschmelzen in Polykondensationsanlagen

Für die Untersuchung des Verweilzeitverhaltens von Polyamidschmelze in Polykondensationsreaktoren vom Typ des VK-Rohres [3] wird in der Literatur [2] die Anwendung von Monobromessigsäure mit Brom-82 als radioaktivem Nuklid als vorteilhaft bewertet. Die Monobromessigsäure kann mit der als Stabilisator zum Lactam zugesetzten Essigsäure dosiert werden und wie diese als Kettenregler fungieren:

$$H-[NH(CH_2)_5CO]_n-OH + CH_3COOH$$
$$\rightarrow CH_3CO-[NH(CH_2)_5CO]_n-OH + H_2O$$
$$H-[NH(CO_2)_5CO]_n-OH + CH_2BrCOOH$$
$$\rightarrow CH_2BrCO-[NH(CH_2)_5CO]_n-OH + H_2O$$

Sowohl bei der Verwendung von Monobromessigsäure wie auch bei der Verwendung von Alkalihalogeniden (Natrium-24 bzw. Brom-82) [4] ergeben sich hinsichtlich der Zugabe der wäßrigen Indikatorlösung in den Lactamstrom keine Schwierigkeiten. Aufwendige Arbeitsoperationen für die Aufbereitung der Ausgangslösung entfallen. Ein auf diese Weise markierter Schmelzestrom läßt sich auf seinem Weg durch den Reaktor gut mit geeigneten Strahlungsdetektoren verfolgen, während am Ausgang des Systems auf eine Probennahme mit anschließender Ausmessung orientiert wird.

Der Anwender von Radionukliden kann jedoch seine Überlegungen bezüglich der Auswahl der Nuklide nicht nur anhand der technisch-technologischen Bedingungen ausrichten, die in dem zu untersuchenden Apparat existieren. Es müssen vielmehr, nicht zuletzt infolge der Beachtung von Erfordernissen des Strahlenschutzes, auch die nachfolgenden Verfahrensstufen in die Betrachtung einbezogen werden. Für den Polykondensationsprozeß von Polyamid-6 sind das die Verfahrensstufen Extraktion und Trocknung (Abb. 1).

Eigene Untersuchungen ergaben, daß bei Verwendung von Monobromessigsäure, Natriumbromid und anderen wasserlöslichen Verbindungen mehr als 90% der Gesamtaktivität des eingesetzten Indikators im nachfolgenden dreistufigen Extraktionsprozeß, der zur Entfernung des nicht umgesetzten monomeren Anteils sowie von wasserlöslichen niederen Oligomeren dient, ausgewaschen werden und sich im Kreislauf des Extraktwassers wiederfinden. Während am Ausgang des Polykondensationsreaktors das polymere Produkt als Granulat vorliegt und der Indikator in jedem Granulatkorn in eine Polymermatrix kontaminationssicher eingebettet ist und somit quasi wie eine umschlossene Strahlenquelle behandelt werden kann, liegt der Indikator im Extraktwasser in offener Form vor. Das führt nicht nur zu einer unerwünschten Kontamination von Rohrleitungen, Pumpen, Vorratsbehältern und anderen Anlagenteilen, so daß eine dosimetrische Kontrolle erschwert wird, sondern es resultiert auch eine erhöhte Strahlenbelastung des Anlagenpersonals. Letztlich besteht auch die Gefahr eines unkontrollierbaren teilweisen Austritts des kontaminierten Extraktwassers aus dem Kreislauf in das Abwassersystem des jeweiligen Betriebsteils, obwohl das Extraktwasser in Destillationsblasen zur Rückgewinnung des Lactams aufgearbeitet wird und der Indikator im Sumpf der Destillationsblase verbleibt. Die den Sumpf bildenden nichtdestillierbaren und nach dem Erkalten festen Oligomerenrückstände besitzen infolge der Aufkonzentration des Indikators eine hohe spezifische Aktivität und stellen eine echte Gefahrenquelle dar. Eine sichere Verwahrung der Rückstände bis zum Erreichen der Aktivitätsfreigrenze ist unabdingbar. Verschiedentlich wird die Destillation so geführt, daß die Oligomeren im Lactam in Lösung gehalten und gemeinsam in den Reaktor zurückgeführt werden. Dadurch verlängert sich die Verweilzeit des Indikators im System erheblich. Weiterhin können die Meßergebnisse beeinträchtigt werden, falls die Rückführung zu einem Zeitpunkt erfolgt, bei dem der Meßwert noch nicht den Nullwert erreicht hat.

Der Nachteil wasserlöslicher Verbindungen für Untersuchungen des Polykondensationsprozesses von Polyamid ergibt sich auch daraus, daß verschiedentlich die Aufgabe gestellt wird, den Extraktions- und Trocknungsprozeß selbst zu untersuchen. So interessiert u. a. die verbleibende Restmenge an Granulat im Extraktor oder Trockner nach der Entleerung und der Einfluß dieser Restmenge auf die nachfolgende Granulatcharge, z. B. bei Farbwechsel von gefärbten Granulaten, Granulatchargen mit zugesetzten Modifikatoren, Antistatika u. a. Solche Untersuchungen, die im Zusammenhang mit dem nachfolgenden Spinnprozeß zu sehen sind, sind nur zweckmäßig, wenn das Granulat eine ausreichend hohe spezifische Aktivität aufweist und der gesamte, bis zu 3000 kg betragende Reaktorinhalt homogen markiert wird.

Granulatmengen dieser Größenordnung sind im allgemeinen nur über den Polykondensationsprozeß in einem VK-Rohr zu erhalten. Nicht nur für diese Untersuchungen bietet sich ein Austausch der genannten chemischen Verbindungen durch das schwerlösliche Lanthanoxid (Lanthan-140) an. Die Zugabe weniger Milligramm dieses Feststoffs erfordert zumindest eine zusätzliche Arbeitsoperation, die darauf gerichtet ist, das Lanthanoxid im Flüssiglactam mit hochtourigen Rührwerken zu dispergieren. Werden dem Schmelzestrom Mattierungsmittel, z. B. in Form wäßriger Titandioxidsuspensionen zugesetzt, erfolgt die Dispersion direkt in dieser Suspension. Das in die Polymerschmelze eingebrachte Lanthanoxid verbleibt während der Extraktion vollständig im Polymeren, wodurch die genannten Nachteile bei der Verwendung wasserlöslicher Indikatoren entfallen.

Für die Markierung von Polyäthylenterephthalat [5, 6] ist die Verwendung wasserlöslicher Indikatoren unproblematisch, da sich nach der Polykondensation kein Extraktionsprozeß anschließt. Die Verwendung von chemischen Verbindungen mit radioaktiv markierten Kationen ist solchen mit markierten Anionen jedoch unbedingt vorzuziehen, da sich unter den Bedingungen der Veresterung bzw. Umesterung entsprechend den Reaktionsgleichungen

$$2\,RX + HO-CH_2-CH_2-OH$$
$$\rightarrow RO-CH_2-CH_2-OR + 2\,HX\uparrow$$

bzw.

$$RX + CH_3OH \rightarrow CH_3OR + HX\uparrow$$

flüchtige Wasserstoffverbindungen bilden können, die über die Brüdenleitung mit dem nicht umgesetzten Glykol oder dem bei der Umesterung sich bildenden Methanol entweichen können.

Neben Quantenstrahlung aussendenden Nukliden hat sich für Polyesteranlagen der Beta-Strahler Yttrium-90 bewährt. Dieses Nuklid wird dann eingesetzt, wenn radiometrische Füllstandsmeßgeräte an dem zu untersuchenden Apparat installiert sind. In diesem Fall kann nur auf eine Probennahme zur Ermittlung des Verweilzeitspektrums orientiert werden.

3. Nichtisotope Markierung von Polymerschmelzen in Anlagen zur Granulatverspinnung

Moderne Anlagen zur Granulatverspinnung arbeiten ausschließlich nach dem Extrusionsverfahren. Zum Aufschmelzen des Granulats, der Homogenisierung der Schmelze sowie zur Erzeugung des notwendigen Schmelzedruckes sind der eigentlichen Spinnmaschine Extruder vorgelagert, in denen die Verweilzeit je nach Bauart und Leistung zwischen 3 min und 20 min variieren kann. Um die Vorteile einer Stoßmarkierung [7] für die Verweilzeituntersuchung voll nutzen zu können, ist es vorteilhaft, die Eingabestelle direkt an den Extrudereingang zu legen.

Die kurzen Verweilzeiten und die geringe Entfernung von der Eingabestelle des Indikators bis zur ersten Meßstelle, die sich häufig bereits am Extruderausgang befindet, bedingen, daß der wesentlichste Aspekt für eine Markierung von Spinnsystemen die Vermeidung einer Kontamination der Eingabestelle ist.

Da ein oberflächliches Aufziehen des Indikators auf das Granulat nicht den gewünschten Erfolg bringt, wird zunächst die wäßrige Lösung der radiochemischen Verbindung auf trockenes Granulat aufgeträufelt. Das oberflächenmarkierte Granulat wird unter Vakuum bzw. Inertgasatmosphäre zur Vermeidung von Abbauerscheinungen getrocknet und in einem Laborextruder aufgeschmolzen. Das ersponnene Band wird erneut granuliert, getrocknet und das so vorbereitete kontaminationsfreie Granulat für die Eingabe in die Produktionsanlage verwendet. Unter Nutzung der örtlichen Gegebenheiten erfolgt die Zugabe ohne Unterbrechung des Betriebszustandes der Anlage auf den ersten Schneckengang des Extruders. Diese bei eigenen Untersuchungen über einen langen Zeitraum angewandte Verfahrensweise führte in einem Fall zu Problemen bei der Interpretation der experimentellen Verweilzeitverteilung. Während einer Verweilzeituntersuchung an einer Polyesterspinnanlage wurden nach der Spinndüse einzelne Filamente aus dem ersponnenen Gesamtfadenbündel zur Charakterisierung von Verweilzeitunterschieden einzelner Filamente herauspräpariert. Die Ausmessung der kontinuierlich nach einem vorgegebenen Zeitplan erhaltenen Proben ergab polymodale Verweilzeitverteilungen für alle Einzelfilamente (Abb. 2).

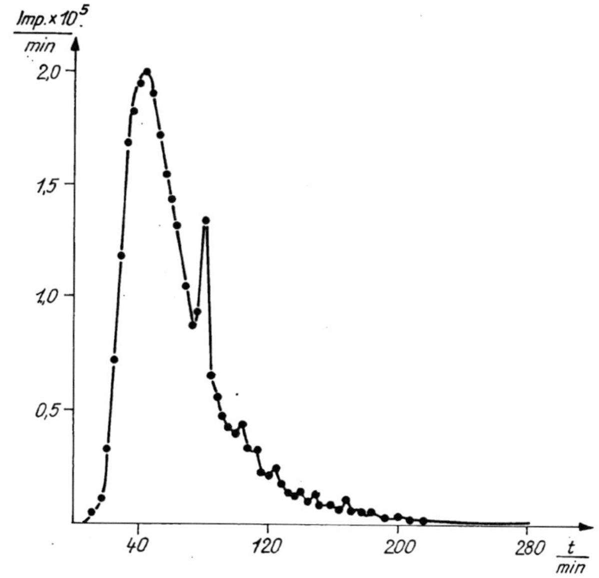

Abb. 2. Polymodale Verweilzeitverteilung eines Polyestereinzelfilaments Spinntiter 116,6 tex (48)

Die Bedeutung einer richtigen Interpretation experimenteller polymodaler Verweilzeitverteilungen für die Beurteilung des hydrodynamischen Verhaltens chemischer Reaktoren ist in verschiedenen Arbeiten diskutiert worden [8—10]. Das Problem bei der Auswertung einer bi- oder polymodalen Verweilzeitkurve besteht darin, zu entscheiden, ob ein oder mehrere Nebenmaxima in der Kurve den stationären Zustand des Strömungssystems charakterisieren oder den während der Messung entstandenen zufälligen Schwankungen zuzuordnen sind. In vielen Fällen bedeutet das Auftreten von polymodalen Verweilzeitkurven, daß der Reaktor konstruktive Mängel aufweist oder eine schlechte Prozeßführung vorliegt.

Die nähere Untersuchung der die Nebenmaxima in der Verweilzeitverteilung verursachenden Proben ergab, daß die Impulsratenerhöhung gegenüber der zeitlich benachbarten Probe durch eine sehr hohe spezifische Aktivität auf einem Fadenstück von 2—3 mm Länge herrührt. Die an diesen Fadenstücken durchgeführte mikroskopische Untersuchung ließ deutlich Einschlüsse erkennen (Abb. 3a), die exakt jene Aktivitätsmengen enthielten, die die unerwarteten Nebenmaxima in der Verweilzeitkurve hervorbrachten. Die Vermutung, daß diese Einschlüsse hochkristallisierte Gelteilchen aus Polyäthylenterephthalat darstellen, die in die amorphe Polymermatrix eingebettet sind, bestätigte sich anhand von Schmelzpunktuntersuchungen nicht. Selbst bei Temperaturen um 450 °C konnte kein Schmelzen der Einschlüsse beobachtet werden. Dagegen ergaben Löseversuche Hinweise über die Natur der Einschlüsse.

In der ersten Lösungsreihe wurde ein Polyesterfadenstück mit einem bezüglich seiner Zusammensetzung unbekannten Einschluß mit konzentrierter Schwefelsäure umgesetzt. Unter Entwicklung von Gasblasen, die auf eine chemische Reaktion hindeuten, wurden sowohl das Polymere als auch der Einschluß aufgelöst (Abb. 3b—d).

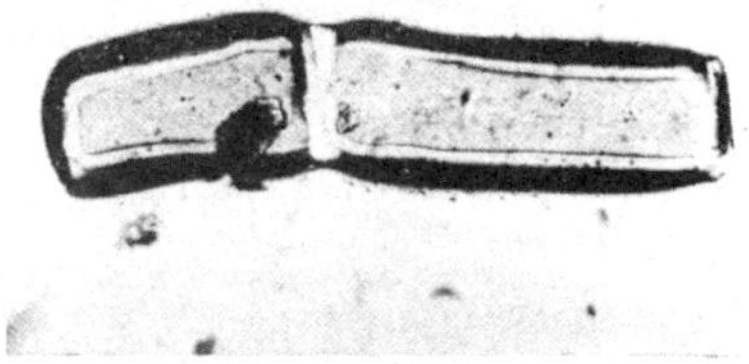

Abb. 3a. Polyesterfaden mit Einschluß unbekannter chemischer Konstitution

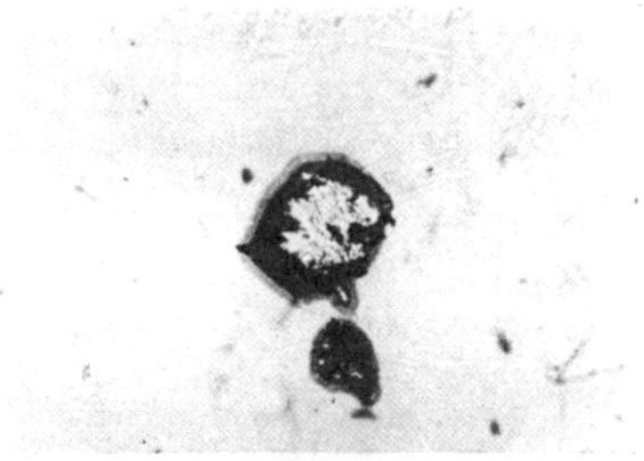

Abb. 4a. Lanthanchloridkristall

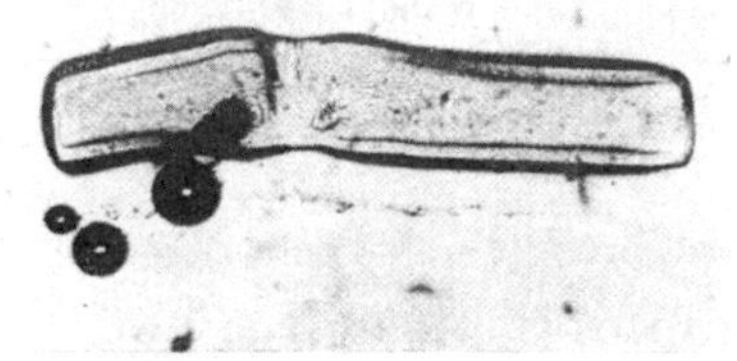

b

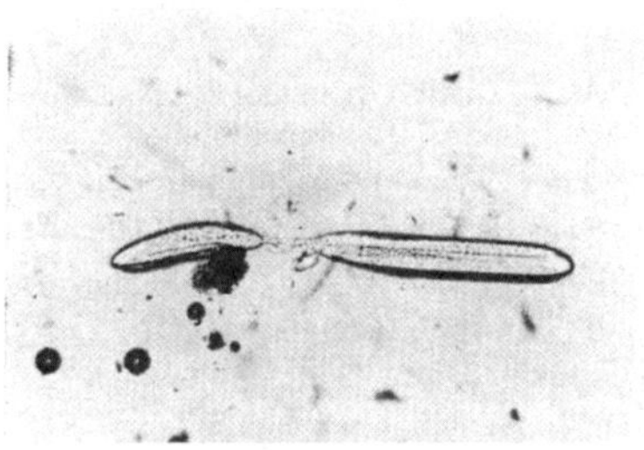

c

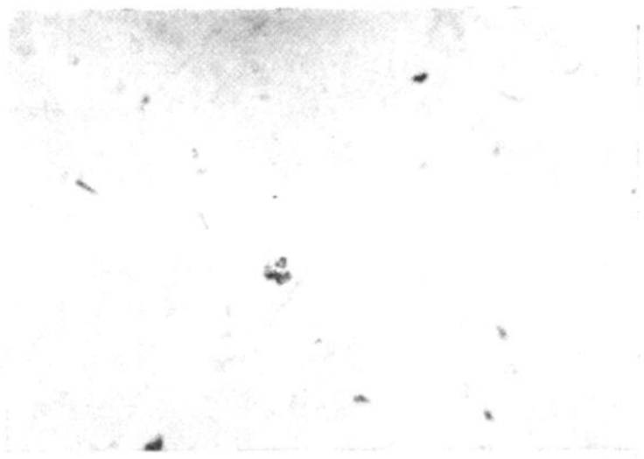

d

Abb. 3b–d. Darstellung der Auflösung eines Polyesterfadens mit Einschluß durch konzentrierte Schwefelsäure

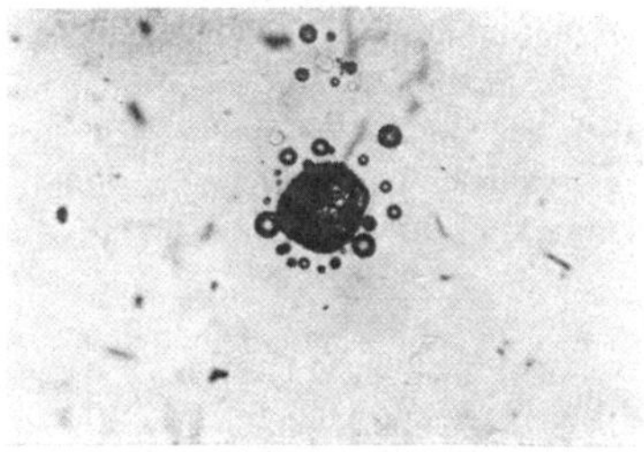

b

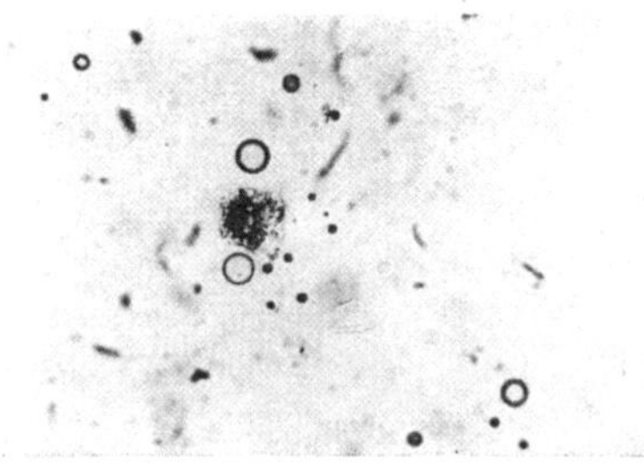

c

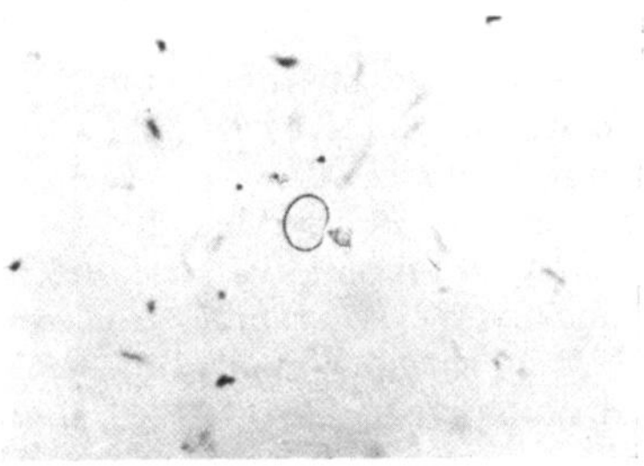

d

Abb. 4b–d. Darstellung der Auflösung eines Lanthanchloridkristalls mit konzentrierter Schwefelsäure

In einer zweiten Lösungsreihe wurde ein Lanthanchloridkristall (Abb. 4a) ebenfalls mit konzentrierter Schwefelsäure umgesetzt, da Lanthanchlorid als Indikator verwendet und nach dem beschriebenen Verfahren in das Granulat eingebracht wurde.

In den Abb. 4b–d ist zu erkennen, daß ebenfalls eine Blasenentwicklung eine chemische Reaktion anzeigt. Das Lanthanchlorid setzt sich mit der Schwefelsäure bis zur völligen Auflösung zu Lanthansulfat und Chlorwasserstoffgas um. Die morphologischen Eigenschaften sind die gleichen wie in der ersten Lösungsreihe.

Dieses Ergebnis läßt die Schlußfolgerung zu, daß es sich bei den Einschlüssen im Faden um rekristallisiertes Lanthanchlorid handelt. Die Möglichkeit der Rekristallisation des Lanthanchlorids ist gegeben durch den erforderlichen Trocknungsprozeß nach dem Auftropfen der wäßrigen Lösung auf das Granulat. Wohl werden die gebildeten Kristalle durch das Aufschmelzen im Laborextruder weitgehend homogen verteilt, doch aufgrund der Unlöslichkeit der anorganischen Verbindung im Polymeren existieren kleinste Schmelzebereiche, in denen die Kristalle auch durch weitere Aufschmelzprozesse und selbst durch Anwendung von hohen Scherkräften nicht zerstört werden, sondern als Einschlüsse erhalten bleiben. Die polymodale Verweilzeitverteilung spiegelt somit nicht ein hydrodynamisches Fehlverhalten der Anlage wider, sondern ist Ausdruck der nur bedingten Übereinstimmung von chemischer und physikalischer Form zwischen Indikatorsubstanz und dem zu markierenden Materialstrom. Diese Übereinstimmung muß in der Praxis der Markierung von Polymerschmelzen weitgehend unerfüllt bleiben.

4. Schlußfolgerungen

An ausgewählten Beispielen der nichtisotopen Markierung von Polymerschmelzen zur Durchführung von Verweilzeitmessungen an industriellen Polykondensationsreaktoren und Extrusionsspinnanlagen zur Herstellung von Chemiefasern aus Polyamid-6 und Polyäthylenterephthalat wurde gezeigt, daß auf einen Einsatz wasserlöslicher radiochemischer Verbindungen im Polykondensationsprozeß von ε-Caprolactam aus Strahlenschutzerfordernissen zugunsten von wasserunlöslichen Verbindungen verzichtet werden sollte. Polyesterschmelzen in Polykondensationsanlagen sollten ausschließlich mit Verbindungen, deren Kation ein Radionuklid darstellt, markiert werden.

Für den Einsatz von Radionukliden zur Untersuchung von Spinnanlagen ist das radiochemische Präparat zweckmäßigerweise durch geeignete Arbeitsoperationen in eine kontaminationssichere Form zu überführen. Die dadurch auch erzielte, allerdings nur scheinbare Übereinstimmung von chemischem und physikalischem Verhalten zwischen Indikatorsubstanz und zu markierendem Materialstrom erfordert besondere Vorsicht bei der Interpretation polymodaler Verweilzeitverteilungen, wobei die Polymodalität im Einzelfall durch diese scheinbare Übereinstimmung hervorgerufen werden kann.

Eingegangen am 1. 8. 1980

Literatur

[1] *H. Klare, E. Fritsche, V. Gröbe*, „Synthetische Fasern aus Polyamiden", Akademie-Verlag, Berlin 1963
[2] *W. Pippel*, „Verweilzeitanalyse in technologischen Strömungssystemen" Akademie-Verlag,, Berlin 1978
[3] *H. Ludewig*, Faserforsch. und Textiltechnik **2** (1961) 341
[4] *P. Hoffmann*, IAEA Symp. „Radioisotop. Tracers in Industry and Geophysics", SM-84/30, Prag 1966
[5] *W. Pippel, K. Runge, K. Müller*, Isotopenpraxis **4** (1968) 363
[6] *K. Runge, G. Grahl*, Isotopenpraxis **10** (1974) 133
[7] *V. V. Kafarov*, „Kybernetische Methoden in der Chemie und chemischen Technologie", Akademie-Verlag, Berlin 1971
[8] *W. Pippel*, Wiss. Z. TU Dresden **23** (1974) 329
[9] *W. Pippel, G. Phillip*, Isotopenpraxis **12** (1976) 320
[10] *H. Vocke, W. Pippel, J. Zimpel, K. D. Ahlers*, Chem. Technik **32** (1980) 287

Verteilung von ^{131}J bei Mäusen nach akuter Röntgenbestrahlung mit 0,21 C/kg

Ľ. Mráz, N. Stollárová

(Lehrstuhl für allgemeine Biologie der Naturwissenschaftlichen Fakultät, P. J. Šafárik-Universität, Košice)[1]

Es wurde die Verteilung von ^{131}J im Zeitraum von 1/2—24 h nach einer einmaligen Röntgenbestrahlung mit 0,21 C/kg verfolgt, wobei das Radiojod zu zwei verschiedenen Zeitpunkten nach der Exposition verabreicht wurde; 2 Stunden nach der Exposition bei der Gruppe T_2 und 18 Stunden bei der Gruppe T_{18}. Unterschiede in der Verteilung des Radiojods bei den Kontroll- und Versuchstieren weisen auf pathophysiologische strahlenbedingte Organveränderungen hin.

Keywords

distribution; external irradiation; iodine 131; mice; organs; physiology; radiation effects; X-radiation

Die Radiobiologie hat in den letzten Jahrzehnten beträchtlich an Umfang zugenommen. Methodische Verfahren und theoretische Schlußfolgerungen stellen ein reichhaltiges Material für die prognostische Beurteilung der Vorgänge zur Verfügung, die zu Folgen führen, die durch die Eigenschaften der Strahlenquelle, die Bestrahlungsbedingungen und durch den Zeitfaktor bestimmt sind, wobei von den Anschauungen über die biologische Wirkung der Bestrahlung ausgegangen wird.

Die Isotopenmethoden gewannen in der Pharmakologie, Physiologie, Pathophysiologie, in der klinischen Diagnostik und Therapie zunehmend an Bedeutung. Die Kinetik der Verteilung verschiedener Elemente und Verbindungen wurde unter verschiedenen Gesichtspunkten untersucht, was zu verschiedenen Schlußfolgerungen führte. Die Unterschiedlichkeit der Ergebnisse beruht nicht nur auf der Variation der Objekte, sondern auch auf der der Versuchsbedingungen.

In der vorliegenden Arbeit werden Ergebnisse von Untersuchungen der Verteilungskinetik von Radiojod bei Mäusen nach Bestrahlung in Modellexperimenten mitgeteilt.

Material und Methode

In den Experimenten kamen Männchen des Mäusestammes AB-Jena-Gat mit einer durchschnittlichen Masse von 16—20 g zur Verwendung. Gefüttert wurden die Tiere mit *Larsen*-Diät und Wasser ad libitum. Nach 24stündigem Fasten und Lugolisierung wurden die Tiere einer einmaligen Röntgenbestrahlung von 0,21 C/kg ausgesetzt. Zwei Stunden (Gruppe T_2) oder 18 Stunden (Gruppe T_{18}) nach der Exposition wurde den Tieren ^{131}J in Form von $Na^{131}J$ mit einer Aktivität von 37 kBq verabreicht, dessen Verteilung 1/2, 1, 2, 3, 6, 12 und 24 Stunden danach in folgenden Organen verfolgt wurde: Blut, Herz, Thymus, Lunge, Schilddrüse, Leber, Bauchspeicheldrüse, Milz, Magen, Dünn- und Dickdarm, Nebennieren, Nieren, Harnblase samt Inhalt, Streumaterial, Geschlechtsorgane, Inhalt des Verdauungstraktes. Für die Bestrahlung wurde ein therapeutisches Röntgengerät TUR-T 250 bei folgenden Bestrahlungsbedingungen verwendet: 180 kV, 15 mA, Filter 0,5 mm Cu + 0,5 mm Al, OK-30 cm, Bestrahlungsleistung 0,05 C/kg min.

Als Kontrollgruppe dienten nichtexponierte Tiere, bei denen die Verteilung von Radiojod unter gleichen experimentellen Bedingungen verfolgt wurde. Die Radioaktivität der Proben wurde mit dem Gerät NZQ — 615 im NaJ/Tl-Bohrloch-Kristall gemessen.

Ergebnisse

Aus den Versuchsergebnissen geht hervor, daß bei den Tieren, die zwei Stunden vor Verabreichung des Radiojods bestrahlt wurden, in der Anfangsphase der Verteilung eine stärkere Radiojod-Kumulation zu verzeichnen ist als bei den Versuchstieren, die 18 Stunden vor der Verabreichung des Radiojods bestrahlt wurden, und als bei der Kontrollgruppe.

Der relativ hohe Radiojodgehalt in der Schilddrüse (Abb. 1) bei der Versuchsgruppe T_2 sinkt in der ersten Stunde ab. Bis zur sechsten Stunde ist ein erneuter Anstieg zu verzeichnen, nach welchem ein Abfall bis zur 12. Stunde folgt. Bei der Gruppe T_{18} ist eine etwas mäßigere Erhöhung

[1]) Anschrift: ČSSR, 041 67 Košice, Šrobárova 57

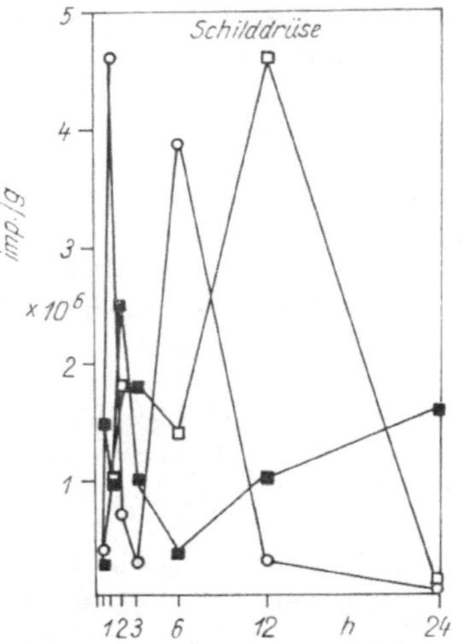

Abb. 1a. Verteilung von ^{131}J in der Schilddrüse
○ ○ ○ – T_2; □ □ □ – T_{18}; ■ ■ ■ – Kontrolle

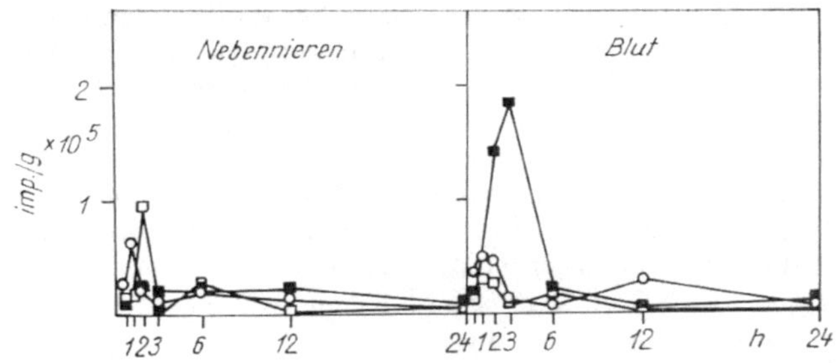

Abb. 1b, c. Verteilung von ^{131}J in den Nebennieren und im Blut
○ ○ ○ – T_2; □ □ □ – T_{18}; ■ ■ ■ – Kontrolle

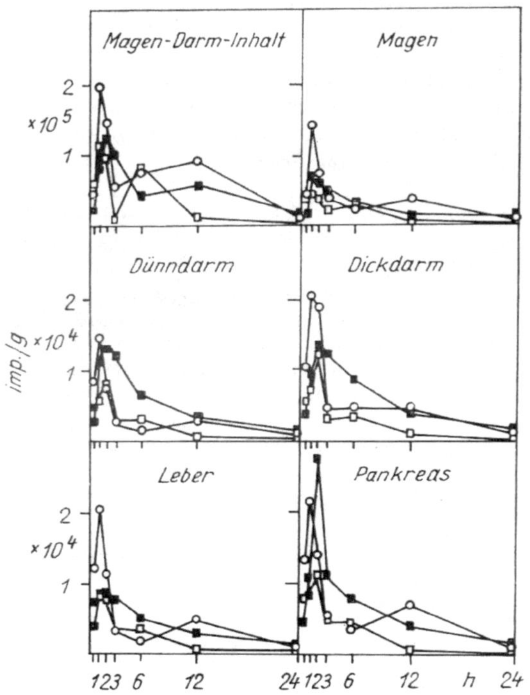

Abb. 2a–f. Verteilung von ^{131}J im Inhalt des Verdauungskanals und in den einzelnen Organen
○ ○ ○ – T_2; □ □ □ – T_{18}; ■ ■ ■ – Kontrolle

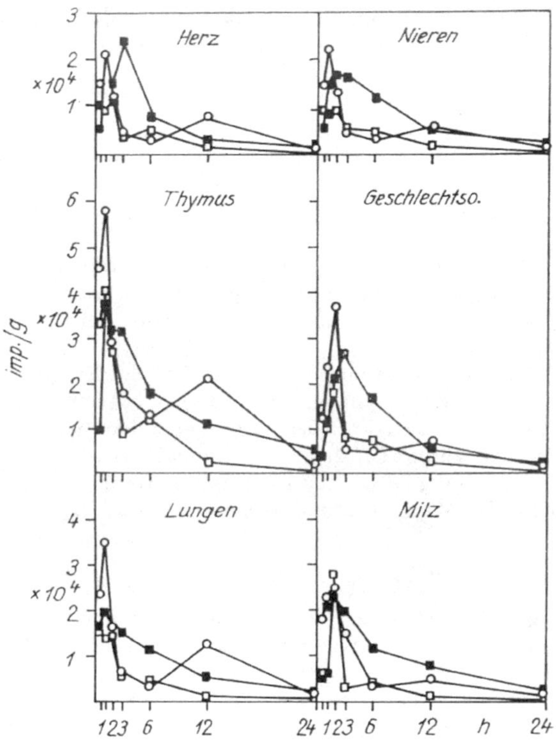

Abb. 3a–f. Verteilung von ^{131}J in den einzelnen Organen
○ ○ ○ – T_2; □ □ □ – T_{18}; ■ ■ ■ – Kontrolle

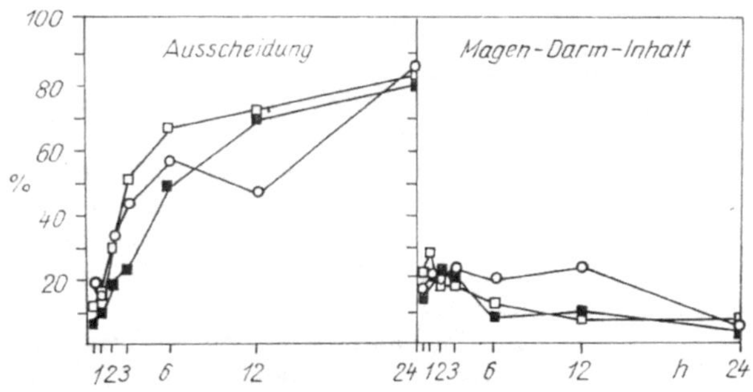

Abb. 4a–f. Gehalt von ^{131}J in den Ausscheidungen und im Inhalt des Magen-Darm-Kanals in Prozenten
○ ○ ○ – T_2; □ □ □ – T_{18}; ■ ■ ■ – Kontrolle

der Kumulation zur zweiten und dritten Stunde hin verschoben; um die sechste Stunde ist ein geringer Abfall und um die zwölfte Stunde ein prägnanter Anstieg zu verzeichnen.

In den Nebennieren (Abb. 1b) wurden bei beiden exponierten Gruppen T_2 und T_{18} höhere und im Blut (Abb. 1c) niedrigere Radiojod-Werte als bei den Kontrollgruppen festgestellt.

Im Verdauungskanal (Abb. 2a) wird in den ersten Stunden bei der Gruppe T_2 eine wesentlich größere Menge Radiojod kumuliert als bei der Gruppe T_{18}. In der zwölften Stunde wurde bei beiden Versuchsgruppen nach einer vorübergehenden Erniedrigung eine erneute Erhöhung des Radiojodspiegels gefunden.

In Magen (Abb. 2b), Dünndarm (Abb. 2c), Dickdarm (Abb. 2d) und Leber (Abb. 2e) ist eine deutlich erhöhte Kumulation von ^{131}J in der ersten Stunde bei der Gruppe T_2 zu verzeichnen.

In Pankreas (Abb. 2f) und Herz (Abb. 3a) ist die Radiojodmenge bei den Versuchsgruppen niedriger als bei den Kontrollgruppen.

In den Nieren (Abb. 3b), im Thymus (Abb. 3c), in den Geschlechtsdrüsen (Abb. 3d) und in der Lunge (Abb. 3e) ist in der Initialphase der Untersuchung bei der Gruppe T_2 eine hohe Radiojod-Kumulation zu verzeichnen, in der Milz (Abb. 3f) ist eine mäßige Erhöhung bei der Gruppe T_{18} zu beobachten.

Die Ausscheidung des Radiojods aus dem Organismus der Mäuse ist in Prozent angegeben. Sie wird durch die Menge an Radiojod im Harnblaseninhalt und in der Streu repräsentiert.

Aus Abb. 4a ist ersichtlich, daß nach der Exposition mit ionisierender Strahlung das Radiojod schneller aus dem Organismus ausgeschieden wird als bei den nichtexponierten Kontrolltieren. Bei der Gruppe T_2 tritt die schnelle Ausscheidung früher ein. Ein größerer Radiojodgehalt verbleibt im Magen-Darmkanal bei der Gruppe T_2 (Abb. 4b).

Diskussion

Das in Form von Na^{131}J verabfolgte Radiojod ist im Organismus gut löslich, was nicht nur eine schnelle Absorption aus dem primären Depot, sondern auch dessen Passage durch den Nierenfilter noch in der ursprünglichen chemischen Form ermöglicht. Die Aufenthaltsdauer im Blut ist von der Bindung an makromolekulare Blutkomponenten abhängig. Die Verteilung der Elemente in den einzelnen Organen hängt von der physiologischen Funktion, der metabolischen Aktivität und der Durchblutung des jeweiligen Organs ab. Die Ursache der strahlenbedingten Veränderung der Verteilung ist demnach in einer Störung dieser genannten Faktoren zu suchen [1—3]. In unseren vorhergehenden Arbeiten, in denen die Verteilung von Radiojod nach verschiedenen Applikationsarten verfolgt wurde, konnte gezeigt werden, daß die Retention von Jod in proliferativen Organen größer ist als in sekretorischen Organen, aus denen das Jod schneller ausgeschieden wird [4]. In den Organen des Verdauungskanals sammelt sich das Radiojod aus dem primären Depot (aus der Bauchhöhle), aus dem sekundären Depot (aus dem Blut) und auch durch Resorption aus dem Rezirkulationsanteil an. Aus diesem Grund ist in den genannten Organen bereits in der Initialphase ein relativ hoher Radiojodspiegel zu verzeichnen.

Die Unterschiede in der Kinetik der Verteilung des Radiojods bei den Kontroll- und Versuchstiergruppen ist auf strahlenbedingte pathophysiologische Organveränderungen zurückzuführen [5—10]. Bereits ein zweistündiges Intervall zwischen der Bestrahlung und der Verabreichung von ^{131}J führte zu einer Veränderung des Verteilungscharakters, besonders in quantitativer Hinsicht, was wahrscheinlich auf Störungen in der Bindung an die Makromoleküle beruht. Das Intervall von 18 Stunden wird bereits mehr durch die Entwicklung von Funktionsveränderungen der untersuchten Organe gekennzeichnet.

In der Schilddrüse konnten wir trotz der Lugolisierung hohe Kumulationswerte von Radiojod bei beiden Gruppen (T_2 und T_{18}) feststellen, und zwar in zwei Etappen, wobei die erste Erhöhung auf die schnelle Resorption aus dem primären Depot zurückzuführen ist, während der zweite Anstieg der Resorption aus dem Rezirkulationsanteil und dem Rückgang der Lugol-Blockade der Schilddrüse vor der Applikation zuzuschreiben ist.

Bei den Parenchymgewebe-Organen werden die Unterschiede in der Verteilung durch die bereits veränderte Funktion der Organe infolge der Exposition mit ionisierender Strahlung beeinflußt, und deshalb weisen Organe wie Leber, Pankreas, Herz, Niere, Lunge bei der Gruppe T_{18} eine geringere Kumulation auf, und zwar nicht nur gegenüber der Gruppe T_2, sondern auch im Vergleich mit den Kontrolltieren. Die Verteilung von ^{131}J im Thymus und in der Milz bestrahlter Tiere zeichnet sich durch einen Anstieg in der ersten und zweiten Stunde nach der Verabreichung und durch einen schnellen Abfall besonders im Thymus aus; in der Milz verbleibt das Isotop länger. Dies dürfte der bekannten primären lymphozytären und später der leukozytären Reaktion nach der Bestrahlung entsprechen. Der Radiojodspiegel in den anderen Organen entspricht der Konzentration im Blut, und die Abnahme ist eine Ausscheidungsfolge.

Die graphische Darstellung der Ausscheidung umfaßt die Werte des Harnblaseninhalts und zeigt in der zweiten und dritten Stunde bei beiden Gruppen das Doppelte der Kontrollwerte.

Schlußbemerkungen

Obwohl über den Jod-Stoffwechsel im Organismus eine Vielzahl an Erkenntnissen vorliegt, hat die Verfolgung der Verteilung dieses Elements in bezug auf den gesamten Organismus seine Bedeutung. Unsere Ergebnisse bestätigen, daß das Verhalten des Radiojods im Organismus — ebenso wie das anderer Elemente — durch die physiologische Funktion und die metabolische Aktivität der einzelnen Organe einerseits und andererseits durch die physikalischen und chemischen Eigenschaften des jeweiligen Elements bestimmt wird. Ein längeres Verbleiben der Elemente im Organismus ist von der Bindung derselben an Makromoleküle im Blut, von den metabolischen Wegen und von der Bedeutung des jeweiligen Elements für das kritische Organ — hier die Schilddrüse — abhängig.

Die Veränderung der Kinetik der Verteilung nach Behandlung mit ionisierender Strahlung ist auf die schnelle Ausscheidung des Radiojods zurückzuführen. Die Kumulation in den Organen resultiert aus dem ^{131}J-Spiegel im Blut und aus der strahlenbedingten Funktionsveränderung des Organs. Infolge des schnellen Abfalls des Radiojodspiegels im Blut wächst die Bedeutung des Rezirkulationsanteils besonders für die Schilddrüse.

Eingegangen am 7. 5. 1980

Literatur

[1] *J. O. Konstantinov, L. A. Iljin, I. A. Lichtarev*, Raspredelenije kinetika obmena i biologitscheskoje dejstvije radioaktivnych isotopov joda 7—11, Izdat. Medicina Moskwa 1970

[2] *Ľ. Mráz, N. Stollárová*, Isotopenpraxis **13** (1977) 397

[3] *Ľ. Mráz, N. Stollárová* Isotopenpraxis **11** (1975) 355

[4] *Ľ. Mráz, N. Stollárová*, IV. Gesamtstaatliches Symposium über die Dosimetrie ionisierender Strahlen 77, Mariánské Lázně 1976

[5] *J. I. Moskalev, G. M. Jegorova*, Raspredelenije ^{131}J v organisme krys pri razdelnom i sovmjestnom vosdejstvii isotopa u lutschej ^{60}Co. Biologitscheskoje dejstvije vneschnich i vnutrennich istotschnikov radiacii 77—82, Izdatelstvo Medicina, Moskwa 1972

[6] *V. S. Kalistratova*, Vlijanije vneschnego oblučenija na povedenije radioaktivnych isotopov, Biologitscheskoje dejstvije vneschnich i vnutrennich istotschnikov radiacii 64—70, Izdatelstvo Medicina Moskwa 1972

[7] *R. O. McClellan, W. J. Clarke, H. A. Ragon*, Health Phys. **9** (1963) 1363

[8] *R. A. Monroe, J. H. Rust, B. F. Trum*, Science **119** (1954) 65

[9] *H. Lach, B. Dymarczyk*, Acta Biol. Acad. Sci. Acad. Hung. 65—66, **27** (1976) 9

[10] *H. Lach, B. Dymarczyk*, Acta Biol. Acad. Sci. Acad. Hung. **27** (1976) 1

Влияние рентгеновского облучения на синтез и содержание нуклеиновых кислот в печени, головном мозге и тимусе крыс

Т. Сабова, Е. Мишурова, А. Дудова

(Кафедра общей биологии Факультета естествознания Университета им. П. Й. Шафарика)[1]

Исследовались количественные изменения нуклеиновых кислот и включение ^3H-тимидина и ^{14}C-оротовой кислоты "in vivo" в печени, мозге и тимусе крыс в течение 7 дней после однократного облучения в дозе 154,8 мС/кг (600 Р). Было определено, что излучение не вызывало никаких выразительных изменений в мозге, а в печени было большинство приведенных показателей несигнификантно. В тимусе, как в одном из радиочувствительных органов, содержание ДНК и РНК у облученных животных было в течение всего эксперимента понижено, а синтез нуклеиновых кислот — в основном ДНК — был временно угнетен. Включение радиоактивных предшественников постепенно повышалось с максимумом на 48-ой час в РНК и на 72-ой час в ДНК. Приведенные результаты подтверждают зависимость объема повреждений от пролиферативной активности тканей и указывают на отношение между концентрацией ДНК и эффектом облучения.

Keywords

biological radiation effects; nucleic acids; organs; radiosensitivity; rats; X-ray irradiation

Одним из наиболее выразительных проявлений влияния излучения на живую клетку является угнетение синтеза ДНК. Угнетение синтеза ДНК наблюдалось во многих тканях разных организмов, однако механизм этого явления еще не известен. В органах с повышенной чувствительностью (тимус, селезенка, костный мозг, тонкая кишка) включение метки в ДНК понижалось сразу после облучения [1, 2]. Объем и угнетение зависят от величины дозы облучения. При меньших дозах облучения возобновляется первоначальная синтетическая активность в течение нескольких часов.

Вследствие индуцированного излучением повреждения самих молекул ДНК, а главное вследствие угнетения синтеза ДНК и распада поврежденных клеток, понижается в радиочувствительных органах содержание нуклеиновых кислот, в основном ДНК. Метаболизм РНК в пролиферирующих тканях в меньшей степени зависит от излучения [3—5].

В малопролиферирующей ткани печени взрослых животных изменения, вызванные излучением небольшие [6], а данные о влиянии излучения на нуклеиновые кислоты непролиферирующих тканей мозга мы в доступной литературе не нашли.

В предлагаемой работе мы исследовали влияние однократного облучения в дозе 154,8 *мС/кг* (600 *Р*) рентгеновского излучения на синтез и количество нуклеиновых кислот в печени, головном мозге и тимусе крыс в разных часовых интервалах после облучения.

Материал и методика

Опыты проводились на взрослых крысах-самцах линии Вистар со средним весом 180 г. Животных содержали в условиях обычного вивария. Перед опытом животных взвешивали. Все подопытные животные были разделены на две группы:

1-ая группа — облученные животные;
2-ая группа — контрольные животные.

Крысы первой группы подвергали однократному облучению в дозе 154,8 *мС/кг* (600 *Р*) рентгеновского излучения на терапевтическом рентгеновском аппарате TUR-T-250.

После облучения в разных часовых интервалах исследовался синтез и количество нуклеиновых кислот в печени, головном мозге и тимусе. В печени и тимусе исследовались изменения на 6-ой, 12-ый, 24-ый, 30-ый, 48-ой, 72-ой и 168-ой час, а в головном мозге на 6-ой, 30-ый и 48-ой час. Три часа перед убоем животным внутрибрюшинно вводили радиоактивные предшественники ^3H-тимидин и ^{14}C-оротовую кислоту (на 100 *г* живого веса животного 55 мккюри ^3H и 4,7 мккюри ^{14}C в 0,2 *мл* физиологического раствора). Спустя три часа животных убивали перерезыванием аорты. Отобранные органы обрабатывались по методу *Цанева* и *Маркова* [7].

Концентрация нуклеиновых кислот в соответствующих гидролизатах определялась на основании абсорбанции ультрафиолетовых лучей при двух длинах волн. Радиоактивность измерялась в сцинтилляционном растворе Брея на жидкостной сцинтилляционной установке LKB Wallac 81000. Полученные результаты оценивались статистическим анализом варианции и тестом *Дункана* [8].

Результаты

В отобранных пробах контрольных и облученных животных исследовались следующие показатели:

1) масса органа,
2) концентрация ДНК и РНК (в *мг Р*/100 *г*),
3) содержание ДНК и РНК (в *мг Р*/орган),
4) удельная активность РНК и ДНК (в DPM/*мг* ДНК или РНК).

Мозг

Масса головного мозга под действием облучения сигнификантно не изменялась (рис. 1).

При оценивании мозга мы отдельно обследовали мозжечок и гемисферы головного мозга. Мы определили,

[1]) Адрес: Шробарова 57, 04167 Кошице

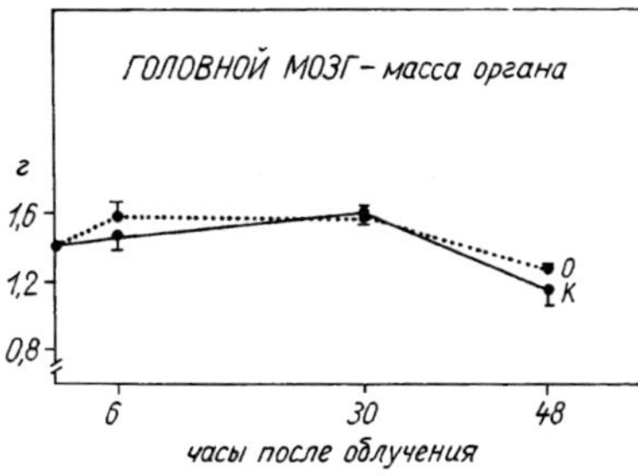

Рис. 1. Масса головного мозга в разных интервалах после облучения (в *г*)

К — контроль; О — облученные

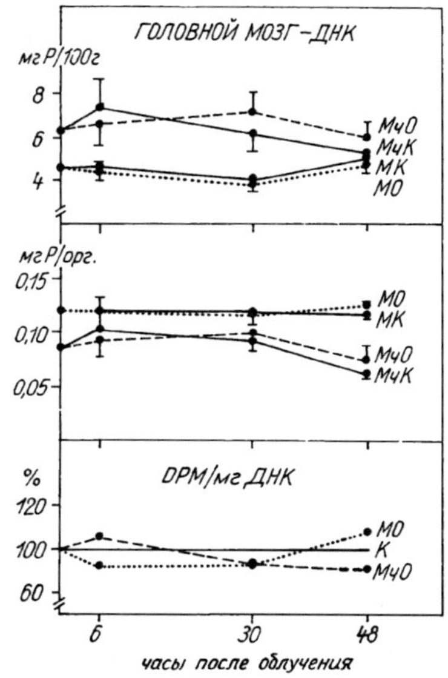

Рис. 2. Концентрация ДНК (в *мг P*/100 *г*), содержание ДНК (в *мг P*/орган) и удельная активность ДНК (в DPM/*мг* ДНК) в головном мозге в разных интервалах после облучения

МК — мозг, контрольные животные; МО — мозг, облученные животные; МчК — мозжечок, контрольные животные; МчО — мозжечок, облученные животные

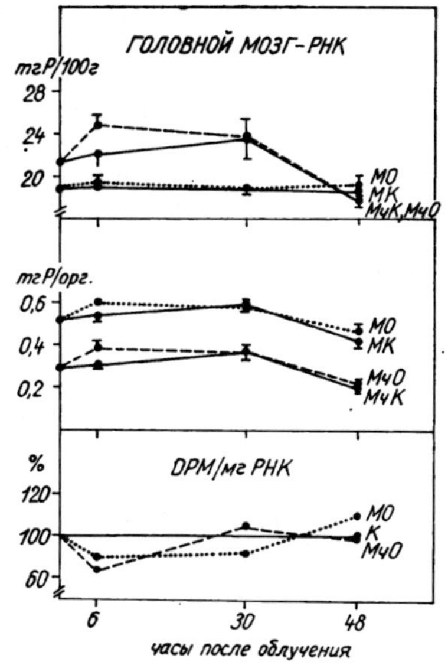

Рис. 3. Концентрация РНК (в *мг P*/100 *г*), содержание РНК (в *мг*/орган) и удельная активность РНК (в DPM/*мг* РНК) в головном мозге в разных интервалах после облучения

МК — мозг, контрольные животные; МО — мозг, облученные животные; МчК — мозжечок, контрольные животные; МчО — мозжечок, облученные животные

что концентрация и содержание ДНК в гемисферах мозга в течение опыта практически не изменялась. Концентрация ДНК в мозжечке была выше, чем в гемисферах мозга, а также как и содержание значительно колебалась, результаты облученных и контрольных животных статистически значимо не отличались. Инкорпорация предшественников в ДНК была статистически значимо понижена только в мозжечке на 48-ой час после облучения (рис. 2).

Количественные изменения РНК по сравнению с контролем являются незначительными, однако на 6-ой час после облучения очевидна возрастающая тенденция количества РНК в мозжечке. Инкорпорация предшественников в РНК была временно незначительно понижена (рис. 3).

Печень

Масса печени облученных животных была по сравнению с контрольными животными больше на 12-ый и 18-ый часы, однако в дальнейших интервалах была в рамках контрольных величин или сигнификантно меньше (рис. 4).

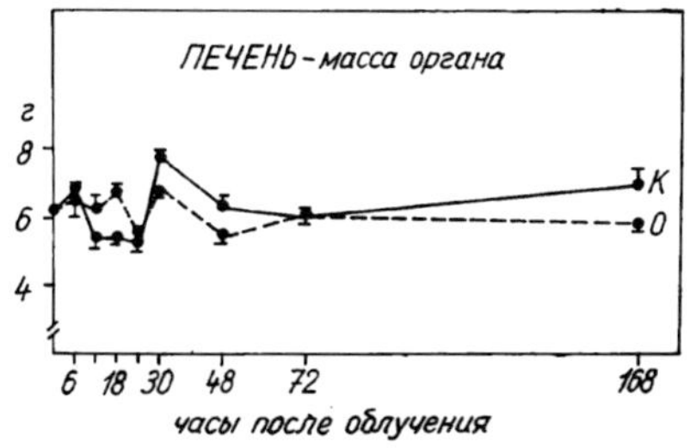

Рис. 4. Масса печени в разных интервалах после облучения (в *г*).

К — контроль; О — облученные

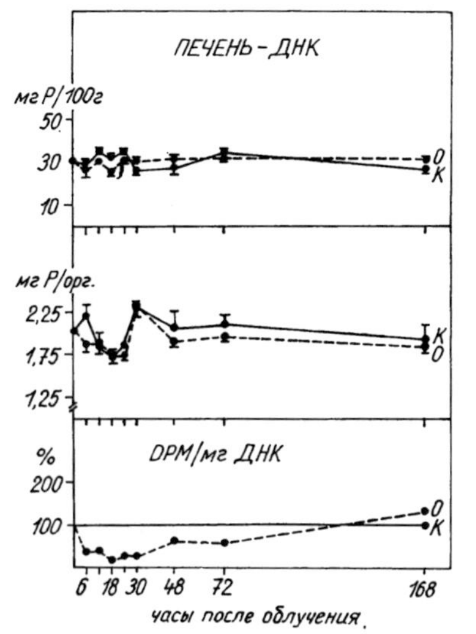

Рис. 5. Концентрация ДНК (в *мг P*/100 *г*), содержание ДНК (в *мг*/P/орган) и удельная активность DPM (в ДПМ/*мг* ДНК) в печени в разных интервалах после облучения

К — контроль; О — облученные

Количественные изменения ДНК были очень умеренными и в большинстве несигнификантными. Концентрация ДНК у облученных животных была понижена только временно в течение первого дня, а общее содержание в органе было сигнификантно понижено только на 6-ой час. Включение метки в ДНК печени

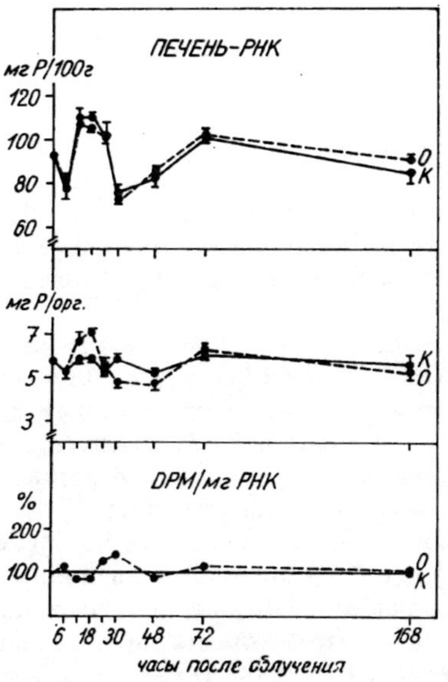

Рис. 6. Концентрация РНК (в *мг P*/100 *г*), содержание РНК (в *мг P*/орган) и удельная активность РНК (в DPM/*мг* РНК) в печени в разных часовых интервалах после облучения
К — контроль; О — облученные

облученных животных было выразительно понижено до 30-ого часа. От этого времени удельная активность постепенно возрастала и в конце эксперимента превышала контрольные величины, хотя отличия не были статистически значимы (рис. 5).

Изменения концентрации РНК были статистически незначимы. В отличие от ДНК содержание РНК временно повысилось на 12-ый и 18-ый час после облучения. Включение предшественника в РНК было незначительно повышено на 30-ый час (рис. 6).

Тимус

Для сравнения влияния излучения мы обследовали и один из наиболее радиочувствительных органов — тимус.

Первое изменение наблюдается в массе органа, которая до 12-ого часа после облучения значительно уменьшилась, уменьшение массы органа в дальнейшем углублялось и достигало минимальных величин на 72-ой час (рис. 7).

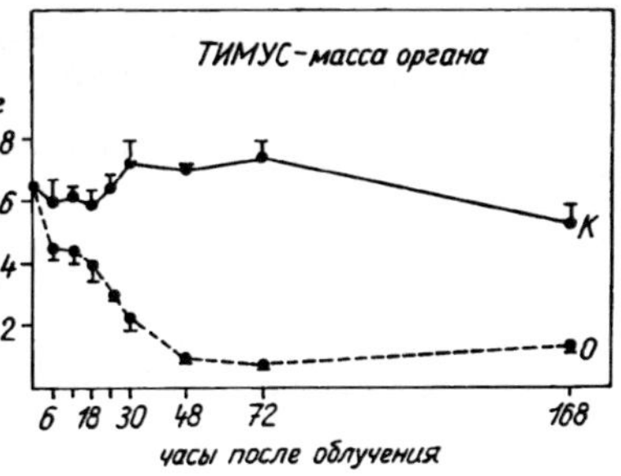

Рис. 7. Масса тимуса в разных интервалах после облучения (в *г*)
К — контроль; О — облученные

Концентрация, а главное содержание ДНК в тимусе облученных животных значительно понижены с 12-ого часа после облучения и самые низкие величины наблюдаются на 48-ой час. В последующие дни концентрация ДНК быстро восстанавливается, но общее содержание ДНК в органе остается до 168-ого часа приблизительно на 1/6 ниже контрольных величин. Включение ^{3}H-тимидина очень сильно угнетено уже на 6-ой час после облучения. В течение 2-го, а главное 3-го дня, включение постепенно повышается и самый высокий синтез наблюдаем на 72-ой час, когда наблюдается десятикратное увеличение в сравнении с контролем. Вопреки постепенному относительному понижению повышенная удельная активность удерживалась до конца опыта (рис. 8).

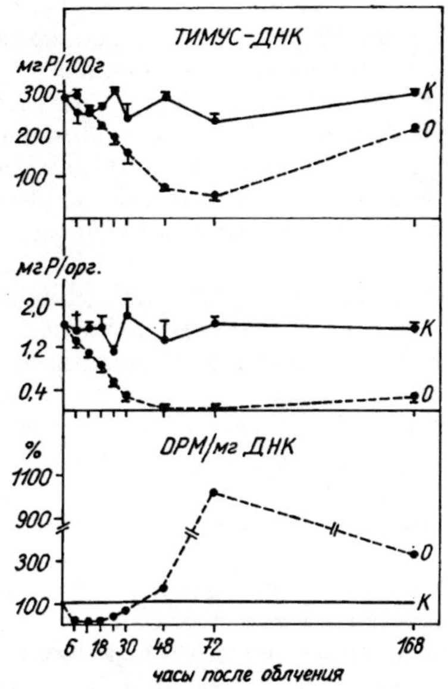

Рис. 8. Концентрация ДНК (в *мг P*/100 *г*), содержание ДНК (в *мг P*/орган) и удельная активность DPM (в ДПМ/*мг* ДНК) в тимусе в разных часовых интервалах после облучения
К — контроль; О — облученные

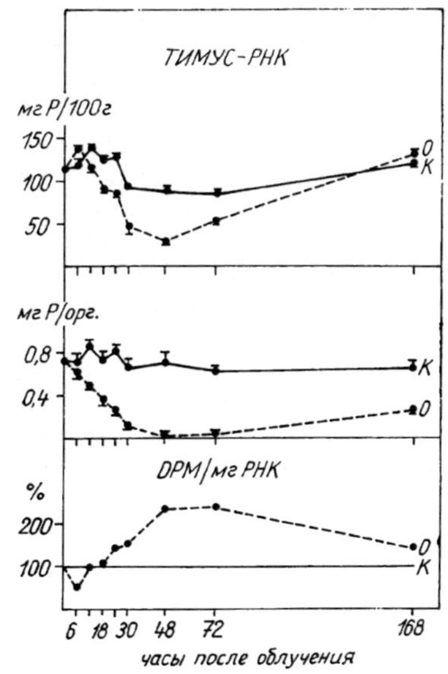

Рис. 9. Концентрация РНК (в *мг P*/100 *г*), содержание РНК (в *мг P*/орган) и удельная активность DPM (в ДПМ/*мг* РНК) в тимусе в разных часовых интервалах после облучения
К — контроль; О — облученные

Количественные изменения РНК имели подобный характер, как и ДНК, но были умереннее. Инкорпорация предшественника после незначительного понижения на 6-ой час повышается и достигает самые большие величины на 48—72-ой час (рис. 9).

Дискуссия

При сравнении изменений обеих нуклеиновых кислот ясно, что изменения ДНК после облучения были выразительнее чем изменения РНК. Из приведенных результатов вытекает, что объем повреждения коррелирует не только с пролиферативной активностью, но и с контцентрацией ДНК в органе. В гемисферах мозга, где концентрация ДНК 4,58 *мг Р*/100 *г* мы не наблюдали никакий изменених. В мозжечке (6,06 *мг*/*Р*100*г*) наблюдалось незначительное угнетение включения метки в ДНК. В печени (30,69 *мг Р*/100 *г*) были количественные изменения нуклеиновых кислот незначительные, но инкорпорация ^{3}H-тимидина была выразительно угнетена. В тимусе (265,52 *мг Р*/100 *г*) были изменения всех показателей наиболее выразительные: включение предшественников в ДНК и РНК было сильно угнетено, а содержание нуклеиновых кислот резко понизилось.

Понижению концентрации ДНК, определенному в печени, а главное в тимусе облученных животных, содействует пониженное включение ^{3}H-тимидина, которое хотя бы частично отражает торможение репликационного синтеза ДНК. Удельная активность ДНК в течение первого дня была в обоих органах понижена на 15—20%, что свидетельствует о выразительном угнетении включения предшественников в ДНК, наблюдаемом и другими авторами [9—11].

В тимусе период пострадиационной реакции характеризуется отмиранием клеток с сопровождающимся понижением массы тимуса и общего содержания ДНК. В течение этого времени значительно угнетен синтез ДНК, выраженный удельной активностью ДНК. Синтез ДНК начался в течение 2-ого дня, а на 72-ой час после облучения в несколько раз превышал нормальную скорость синтеза. Многие авторы [10—12] определили, что предшественники в это время включаются в оставшуюся фракцию выживающих клеток тимуса, а повышенный синтез ДНК является доказательством начала пострадиационной регенерации ткани.

В печени — в отличие от тимуса — мы не наблюдали резкого повышения скорости включения ^{3}H-тимидина; после начального торможения удельная активность ДНК постепенно возрастала и достигала уровень контрольных величин. Так как репликационный синтез ДНК в интактной печени взрослых животных при нормальных условиях очень низкий, можно занключить, что пониженное включение ^{3}H-тимидина а 1—2-ой день после облучения является в основном результатом понижения метаболического поворота ДНК, который постепенно восстанавливается. Это предположение подтверждает и определение, что с возрастанием удельной активности ДНК в печени не наступает возрастание ее количества.

Повышению включения ^{3}H-тимидина в ДНК предшествовало возрастание инкорпорации ^{14}C-оротовой кислоты в РНК. Эта последовательность заметна в тимусе и вызвана вероятно потребностью обеспечить в первую очередь синтез белков в том числе энзимов, необходимых для обеспечения функции клеток и подготовки их к делению.

Возрастание включения предшественников в РНК на 48-ой час и ДНК на 72-ой час после облучения сопровождалось выразительным относительным повышением концентрации РНК или ДНК в тимусе, но общее содержание нуклеиновых кислот — в основном ДНК — в органе повышалось очень умеренно.

В головном мозге мы не наблюдали никаких количественных изменений нуклеиновых кислот, а инкорпорация предшественников была только незначительно понижена. Известно, что в клетках нервов взрослых животных не наступают сигнификантные изменения в содержании ДНК даже в процессе старения [13, 14] и не протекает репликационный синтез ДНК [15]. Однако, если брать во внимание спонтанное повреждение этих долгоживущих клеток, то ясно, что клетки и. н. с. должны иметь активную репарацию ДНК. Умеренное понижение включения предшественников в ДНК мозга после облучения полагаем поэтому за результат угнетения этого репаративного синтеза.

Поступила в редакцию 25/VI, 1980 г.

Литература

[1] *O. F. Nygaard, R. L. Potter*, Rad. Research **16** (1962) 243
[2] *J. Thomson, O. Ch. Severson, W. R. Reily*, Rad. Research **20** (1966) 537
[3] *Е. Мишурова, Р. А. Тигранян, К. Кропачова, М. Прасличка*, Тезиси докладов 8. симпосиума по косм. биол. и медицине, Варна 1975, 75
[4] *K. G. Chetty, M. S. Netrawali*, Strahlentherapie **151** (1976) 228
[5] *J. S. Thomson, Ch. D. Severson, R. W. Reilly*, Rad. Research **29** (1966) 537
[6] *G. B. Gerber, W. G. Aldridge, G. Gerber, K. J. Altman, L. H. Hempelmann*, Intern. J. of Radiation Biology **1** (1963) 23
[7] *Р. Г. Цанев, Г. Г. Марков*, Биохимия **25** (1960) 151
[8] *D. E. Duncan*, Biometrics **11** (1955) 1
[9] *H. S. Lehnert, S. Okada*, Intern. J. of Rad. Biology **6** (1965) 601
[10] *Jukio Sugino, E. P. Frekel, R. L. Potter*, Rad. Research **19** (1963) 682
[11] *D. Suciu, Z. Uray*, Int. of Radiation Biology **5** (1976) 409
[12] *J. I. Fabrikant*, Radiobiology **75** (1972) 106
[13] *S. S. Oja*, Proceeding 4th European Symposium Basic Research on Gerontology, Varberg-Sweden, 9—13 September 1973
[14] *H. P. Hahn*, Gerontologia **12** (1966) 18
[15] *Т. М. Третяк, М. М. Виленчик, О. Н. Терпиловская, Н. Ф. Филес*, Доклады АН СССР **3** (1976) 749

Kurze Originalmitteilungen

The Possibility of the Use of Coprecipitation with Lanthanum Fluoride for Preparation of Samples for Alpha-Spectrometric Determination of Plutonium

Z. Hölgye

(Institute of Industrial Hygiene in Uranium Industry, Příbram, Czechoslovakia)[1])

Keywords

alpha spectroscopy; coprecipitation; lanthanum fluorides; plutonium; sample preparation

At present time the content of ^{239}Pu, ^{238}Pu especially in biological and environmental samples and nuclear fuels is frequently determinated. After radiochemical separation is plutonium usually electrodeposited on a metallic disk [1, 2]. Alpha-activity is then detected by silicon surface barrier detector.

The method of electrodeposition shows several disadvantages. The solution to be electrolyzed must have a definite composition, certain elements, e.g. iron, must not be present. The method is rather time-consuming and requires special equipment. Several other methods for preparation of samples using coprecipitations [3] or inorganic ionexchangers [4] have been studied. In this work was investigated the possibility of the use of coprecipitation of Pu^{3+} with LaF_3 for preparation of samples for alpha-spectrometric determination of plutonium.

The principle of the presented method is based on coprecipitation of Pu^{3+} with LaF_3 and dispersion of the precipitate (after its separation and washing) in a small volume of water to a solution of colloidal character, which is then evaporated on a metallic dish. The coprecipitation is carried out with a small amount of LaF_3 in a small volume of diluted hydrochloric acid. The effect of concentration of La^{3+} ions in solution on coprecipitation of Pu^{3+} is given in tab. 1. The composition of the solution (volume of 1·2 ml) was: 2 M HCl, 0·25 M $NH_2OH \cdot HCl$, $^{239}PuCl_3$, various concentration of $La(NO_3)_3$. For precipitation 0·25 ml of 22 M HF was added. The precipitate was left to stand 30 min before centrifugation. From the table is evident that Pu^{3+} can be quantitatively coprecipitated already in presence of $4{\cdot}5 \cdot 10^{-4}$ M $La(NO_3)_3$ (75 μg La) in the solution.

The presence of 0·5—5 M HCl, 0·005—0·05 M Fe^{3+} or 0·005—0·05 M Al^{3+} does not effect the coprecipitation of Pu^{3+}. However, the amount of plutonium coprecipitated with LaF_3 is effected by the time of standing of the precipitate. After 2, 10, 15, 25, 30 minutes of standing 30, 60, 90, 100, 100% of Pu^{3+} initially present in solution was found in the precipitate.

After evaporation of sample solution the layer fast adherent to the surface of a dish results, not effected even in vacuum (1 Pa) in vertical position of a dish. Platinum or other metallic, e.g. aluminium, dish can be used but when used the latter the acid from precipitate must be thoroughly washed out.

Tab. 1. Amount of Pu^{3+} coprecipitated with LaF_3 [%] at various concentration of $La(NO_3)_3$ in solution, theoretical weight of LaF_3 and supposed amount of LaF_3 on 1 cm² area of a dish (25 mm diameter)

Concentration of $La(NO_3)_3$ in solution M	Amount of Pu^{3+} in LaF_3 %	Theoretical weight of LaF_3 μg	Supposed amount of LaF_3 on 1 cm² area of a dish μg
$1{\cdot}5 \cdot 10^{-4}$	40*)	35	7
$3 \cdot 10^{-4}$	92	70	14
$4{\cdot}5 \cdot 10^{-4}$	98	105	21
$6 \cdot 10^{-4}$	100	140	28
$9 \cdot 10^{-4}$	99	210	43
$1{\cdot}2 \cdot 10^{-3}$	99	280	57

* — mean value from four experiments

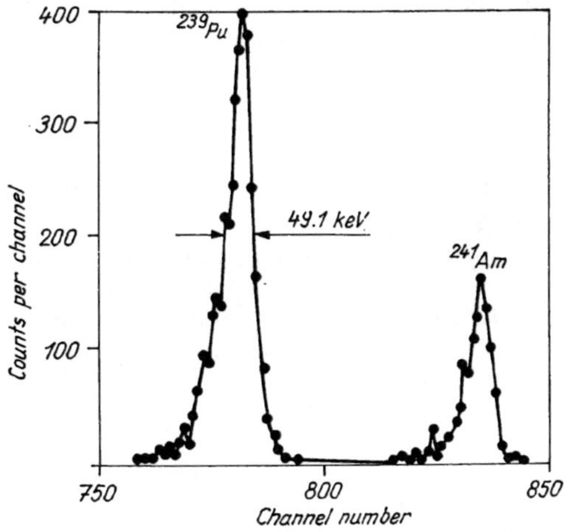

Fig. 1. Alpha-spectrum of the sample prepared by coprecipitation with LaF_3

The composition of the solution (volume of 1·2 ml): 2 M HCl, 0·25 M $NH_2OH \cdot HCl$, $^{239}PuCl_3$, $^{241}AmCl_3$, $9{\cdot}10^{-4}$ M $La(NO_3)_3$. The precipitate of LaF_3 was mixed for 10 min in distilled water and then evaporated on platinum dish (diameter of 25 mm)

In fig. 1 alpha-spectra of ^{239}Pu and ^{241}Am of samples prepared by this method are given. Silicon surface barrier detector with active surface of 50 mm² (Ortec) was used. When 150 μg of La^{3+} were used for coprecipitation of Pu^{3+} the halfwidth of ^{239}Pu peak ranges from 40 to 50 keV. This value is 1·5—2 times higher than that obtained by electrodeposition. Nevertheless by this resolution ^{239}Pu and ^{238}Pu can be alpha-spectrometrically determined in the

[1]) Address: Řež u Prahy, ČSSR

presence of majority of alpha-emitters (including natural alpha-emitters present in some lanthanum preparates).

The possibility of the preparation of samples by coprecipitation of plutonium with lanthanum fluoride was tested at two radiochemical methods used for separation and determination of plutonium in urine. In the first method [5] plutonium is separated from inorganic macrocomponents and alpha-emitters by extraction with chloroform solution of Fe-cupferronate and in the second method [6] by extraction with TTA in benzene. The precipitation of LaF_3 was accomplished in the solution resulting after dissolution of mineralized residue of evaporated chloroform extract and in the solution after dissolution of residue of the reextraction solution (9 M HCl), respectively. In both cases the coprecipitation was quantitative and the halfwidth of ^{239}Pu peaks comparable with that given in fig. 1.

Procedure

The residue after evaporating in a glass beaker (volume of 10--25 ml) is dissolved in 0.5 ml 6 M HCl and the resulting solution is transferred into polythene centrifugal test tube (volume of 1.5—2 ml). The glass beaker is rinced twice with 0.3 ml of distilled water. To the solution in test tube 0.12 ml 0.009 M $La(NO_3)_3$ (150 µg La), 20 mg of hydroxylamine hydrochloride are added and mixed up. After 20 min 0.25 ml of 22 M HF is added and thoroughly mixed up. After 30 min standing the sample is centrifugated, the precipitate washed with 1 ml of 2 M HCl + 0.5 M HF, then twice with 1.5 ml of distilled water. During the washing is the precipitate merely carefully mixed and the supernatant removed. Then 0.05 ml of distilled water is added to precipitate and intensively mixed for 10 min. Resulting solution is by means of distilled water transferred on a carefully cleaned dish and continuously evaporated to dryness.

Received, September 10, 1980

References

[1] *R. F. Mitchell*, Anal. Chem. **32** (1960) 326
[2] *N. A. Talvitie*, Anal. Chem. **44** (1972) 280
[3] *R. Lieberman, A. A. Moghissi*, Health Phys. **15** (1968) 361
[4] *M. Beran*, J. Radioanal. Chem. **51** (1979) 173
[5] World Health Organization: Methods of Radiochemical Analysis, Geneva 1966
[6] *Z. Hölgye*, J. Radioanal. Chem. **54** (1979) 371

Informationen

DDR. Neue Reports des Staatlichen Amtes für Atomsicherheit und Strahlenschutz der DDR:

SAAS-266 Die kosmische Strahlung. Ergebnisse von Satellitenuntersuchungen. Literaturstudie (Cosmic radiation. Results from satellite experiments. A literature survey — *D. Zappe*)

SAAS-268 Die berufliche Strahlenbelastung 1977 in der DDR (Occupational radiation exposure in the GDR in 1977 — *K.-F. Poulheim, W. Rothe, R. Scheler*)

SAAS-269 Die berufliche Strahlenbelastung 1978 in der DDR (Occupational radiation exposure in the GDR in 1978 — *K.-F. Poulheim, W. Rothe, R. Scheler*)

SAAS-270 Körperoberflächenkontaminationskontrolle im Vorfeld der Inkorporationsanalyse (Body-surface contamination monitoring preparatory to monitoring for internal contamination — *W. Schlüter, H. Klucke*).

DDR./IAEA. Der 2. und 3. Interregional Training Course on the Use of ^{15}N in Soil Science and Plant Nutrition, organisiert von der Joint FAO/IAEA Division of Atomic Energy in Food and Agriculture, wurde 1978 bzw. 1979 am Zentralinstitut für Isotopen- und Strahlenforschung, Leipzig, der AdW der DDR durchgeführt.

Ein Teil der anläßlich dieser Veranstaltungen gehaltenen Vorlesungen wurde jetzt in Nr. 32 der ZfI-Mitteilungen veröffentlicht:

Theoretical treatment of the dynamics of metabolic processes in the life sciences (*P. Junghans*);
The use of electronic data processing in the development of recommendations for fertilization (*W. Matzel*);
Principles of isotopic analysis by mass spectrometry (*M. Herrmann*);
The quantitative assessment of certain fertilizer management practices in the field (*M. Fried*);
Application of ^{15}N in weed research (*V. Ladonin*);
Investigations with ^{15}N-labelled ammonium nitrate in pot experiment and field trial (*G. Markgraf, H. Peschke*);
„E", „L" and „A" values (*M. Fried*);
Isotopes in soil fertility and plant nutrition (*H. Broeshart*).

Anfragen sind an die Redaktion der ZfI-Mitteilungen, AdW der DDR, Zentralinstitut für Isotopen- und Strahlenforschung, Informations- und Rechenzentrum, Wissenschaftliche Redaktion ZIDIS, DDR-7050 Leipzig, Permoserstr. 15, zu richten.

EG. Im fünften Bericht der Kommission der Europäischen Gemeinschaften über radioaktive Emissionen aus Kernkraftwerken und Wiederaufarbeitungsanlagen im Bereich der EG in den Jahren 1974 ... 1978 wird festgestellt daß die Strahlenbelastung der Bevölkerung in der Umgebung dieser Anlagen im Jahre 1978 deutlich unter den Strahlenschutzgrenzwerten der ICRP-Empfehlung Nr. 9 und innerhalb der Schwankungsbreite der natürlichen Strahlenbelastung lag. Hierbei wird auch auf die Anwendung der ICRP-Empfehlung Nr. 26 eingegangen. In dem Bericht wurden alle Wiederaufarbeitungsanlagen (5) und alle Kernkraftwerke (39) mit einer Leistung von mehr als 50 MWe erfaßt.

Schweiz. Der Sammelband mit den Referaten der von der Schweizerischen Vereinigung für Atomenergie (SVA) am 20./21. Oktober 1980 in Bern durchgeführten Informationstagung „Endlagerung radioaktiver Abfälle — eine Standortbestimmung aus schweizerischer Sicht" mußte auf Grund der zahlreichen Bestellungen nachgedruckt werden (lt. SVA-Bulletin 21/80). Der Tagungsband enthält folgende Vorträge (mit Abbildungen):
Einführungsvortrag: Abfallbewirtschaftung und Umweltschutz (*R. Rometsch*); Grundlegende Begriffe (*H. Flury*); Herkunft und Bewirtschaftung radioaktiver Abfälle in der Schweiz (*H.-R. Lüthi*); Die rechtlichen Grundlagen (*P.*

Pfund); Ziele, Pläne und Arbeiten der Nagra (*H. Issler*); Nagra-Projektstudie Tieflager für hochaktive Abfälle (*C. Vuilleumier, A. Jacobi*); Nagra-Projektstudie Endlagerung schwach- und mittelaktiver Abfälle in geologischen Formationen (*U. Kägi*); Nagra-Projektstudie Beseitigung schwachaktiver Abbruchmaterialien und Abfälle in oberflächennahen Kavernen (*P. Verstraete*); Wege zum Nachweis der Sicherheit (*Ch. McCombie*); Mögliche Beiträge der Geologie (*R. Trümpy*); Geologische Aspekte des Nagra-Forschungsprogramms (*R. H. Beck*); Das Programm für die Beseitigung der hochaktiven Abfälle in Schweden (*A. Hult*); Anlagenplanung und Standorterkundung für die Endlagerung radioaktiver Abfälle in Gorleben (*E. Viehl*); Projekte und Arbeiten in anderen Industrieländern (*H.-R. Burri*); Radioaktiver Abfall in der öffentlichen Meinung (*J. Rennhard*).

Schweiz. Die Nagra veröffentlichte eine Studie der französischen Tiefbohrfirma Forex Neptune SA, aus der hervorgeht, daß etwa 3 bis 4 Bohrstellen (eventuell sogar am gleichen Standort) ausreichen würden, um die im Rahmen des gesamten schweizerischen Kernkraftwerksprogramms anfallenden hochaktiven Rückstände sicher einzulagern. Neben Endlager-Projekten auf der Grundlage von Schächten und Stollen wurde von der Nagra auch ein solches Konzept in die Überlegungen einbezogen. Die Studie sieht vor, von einer Bohrstelle aus jeweils 10—20 Bohrlöcher mit einem Eingangsdurchmesser von etwa 1,4 m, der stufenweise bis auf ca. 50 cm verringert wird, abzuteufen. Die Gesamttiefe eines Bohrloches würde rund 2000 m betragen. Im Bereich der untersten 500 m der Bohrlöcher (im Grundgebirge aus Granit und Gneis) könnten dann ca. 170 korrosionsfeste Behälter mit verglasten Rückständen eingelagert werden. Die Bohrlöcher sollen von der Bohrstelle aus vor allem schräg abgeteuft werden, damit sie in der Endlagerzone einen ausreichenden Abstand voneinander haben. Die Einlagerung müßte fernbedient erfolgen.

Großbritannien. The Radiochemical Centre of Amersham (TRC), das als weltweit führender Hersteller von Radiochemikalien gilt (1300 Beschäftigte im Werk Amersham; die Errichtung einer ebenso großen Produktionsstätte in Cardiff ist geplant), befindet sich nach seiner Herauslösung aus der UK Atomic Energy Authority (UKAEA), die unter der Regierung Heath erfolgte, nach wie vor im Besitz der britischen Regierung. In jüngster Zeit sind Bestrebungen bekannt geworden, die Aktien des Unternehmens an private Interessenten, zu denen in erster Linie Firmen der pharmazeutischen Industrie gehören, zu verkaufen.

Großbritannien. Neue UKAEA-Reports:

AERE-M 3134	The feasibility of using K-XRF for the on-line measurement of Pu/U ratios of highly active dissolver solutions (*G. Andrew, B. L. Taylor*)
AERE-R 9747	A numerical study of natural convection in a square cavity (*K. H. Winters*)
AERE-R 9775	Constitutive relationships for ocean sediments subjected to stress and temperature gradients (*T. G. Davies, P. K. Banerjee*)
AERE-R 9848	An investigation to compare the performance of methods for the determination of free acid in highly concentrated solutions of plutonium and uranium nitrate (*D. Crossley*)
AERE-R 9851	Studies of environmental radioactivity in Cumbria, Part 4. Caesium 137 and plutonium in soils of Cumbria and the Isle of Man (*P. A. Cawse*)
ND-M 526(S)	An electrochemical cleaning technique for the removal of oxide films from ferrous materials (*A. McMinn*)
SRD R 189	Calculation of electron band gap in molten UO_2 (*D. A. MacInnes*).

Belgien. Im Vordergrund von Untersuchungen im Rahmen des belgischen Programms zur Endlagerung radioaktiver Rückstände steht die sog. „Boom"-Tonformation, die im Nordosten des Landes verläuft. Bei Versuchsbohrungen gewonnene Tonproben zeigten, daß sich dieses Material für die Einlagerung hochaktiver Rückstände eignet. Es zeichnet sich durch eine hohe Undurchlässigkeit und gute Rückhalteeigenschaften für radioaktive Stoffe aus. Auf Grund von Versuchsergebnissen wurde berechnet, daß z. B. Plutonium selbst in löslicher Form in dieser Tonformation über einen Zeitraum von 500000 Jahren nur rund 2,5 m weit wandern würde. Bauarbeiten für ein Laboratorium ca. 200 m unter dem Kernforschungszentrum Mol wurden 1980 begonnen und sollen 1982 beendet werden. Es ist geplant, die Forschungsarbeiten hinsichtlich der Möglichkeit einer sicheren Lagerung radioaktiver Rückstände im Boom-Ton 1984 abzuschließen.

Japan. Gegen das von der japanischen Regierung unterstützte Vorhaben, in einem Gebiet (ca. 100 km²) 1600 km nördlich von Guam, 900 km nördlich der Marianen und 1000 km südlich von Tokio niedrig- bis mittelaktive zementierte Rückstände in Fässern rund 5000 m tief auf den Boden des Stillen Ozeans zu versenken, haben Regierungen und Bürgergruppen einiger Südseeinseln in diesem Bereich protestiert. In Japan lagern gegenwärtig ca. 250000 Fässer mit derartigen radioaktiven Rückständen.

Südkorea. Auf Veranlassung der zuständigen südkoreanischen Behörden wurden in den Jahren 1968 ... 1972 insgesamt 115 Fässer mit betonierten niedrigaktiven Rückständen 20 km südlich der südkoreanischen Küste ca. 2200 m tief im Japanischen Meer versenkt. Dies teilte die Regierung Südkoreas auf eine Anfrage der japanischen Regierung mit. Die Rückstände stammten aus dem südkoreanischen Atomic Energy Research Institute und sollen bei der Produktion radioaktiver Präparate für experimentelle und medizinische Zwecke angefallen sein.

Buchbesprechungen

Physics of Modern Materials
Vol. I: Characterization of materials, defects and mechanical properties; Vol. II: Magnetic, electrical and optical properties of crystalline and amorphous materials and Classical Fluids (lectures of a symposium)

Ed. M. Lewis. Wien: IAEA 1980.; Vol. I: 529 S.; karton. AS 760,— u. Vol. II: 682 S.; karton. AS 980,—

Die zweibändige (broschürte) Schrift enthält Vorlesungen einer internationalen Schule, 29. 3. bis 24. 6. 1978 in Triest, organisiert durch das International Centre for Theoretical Physics, Triest, gefördert durch die UNESCO und die IAEA, unter Vorsitz von *I. M. Ziman* (Bristol) und unter Direktion von *I. A. Eades* (Bristol) und *M. Tosi* (Triest). Außerdem sind die Beiträge eines zweitägigen Symposiums zu Ehren von *I. Waller* über klassische Flüssigkeiten darin aufgenommen. (Bemerkenswert ist, daß die Schule über moderne Werkstoffe vorwiegend von Teilnehmern aus den Entwicklungsländern besucht wurde, das Symposium hingegen von Europäern und Vertretern einiger amerikanischer Länder.)

Die Schule war vornehmlich für experimentell und theoretisch arbeitende Physiker, Metallurgen und Werkstoffwissenschaftler (material scientists) gedacht; sie diente also der Inspiration der mit Werkstoffproblemen befaßten Forscher und Ingenieure durch namhafte Vertreter der Festkörperphysik im weitesten Sinne. Der diesbezügliche Inhalt der Broschüre umfaßt daher einen breiten Bereich grundlegender und angewandter Physik, experimentelle Befunde und theoretische Überlegungen für ein grundlegendes Verständnis des strukturellen, mechanischen, elektrischen und magnetischen Verhaltens der verschiedenartigsten Festkörper. Grundlegende Konzepte und aktuelle Probleme werden — in unterschiedlicher Betrachtungsweise und unter Betonung der praktischen Anwendung — dargelegt.

Im Teil 1, „Characterization and Growth", führt *I. A. Eades* (Bristol) in die dynamische Zweistrahlbeugungstheorie, einige Beugungsmethoden und in die Elektronenmikroskopie ein, gefolgt von *R. W. Cahn* (Brighton) mit einem Überblick über weitere, vor allem spektroskopische Methoden der Materialcharakterisierung. Recht breit (ca. 110 S.) handelt *C. Paorici* (Parma), diesen Komplex abschließend, Theorie, Methoden und Resultate des Kristallwachstums, der Kristallzüchtung und der Dotierung ab

Im Teil 2, „Defekte", befassen sich *I. Friedel* (Orsay) mit „Ausgedehnten (d. h. ein- und zweidimensionalen) Defekten in Festkörpern" (feste und flüssige Kristalle, Ferromagnete; ca. 140 S.) sowie *H. Ullmayer* und *W. Schilling* (Jülich) mit „Strahlenschäden in Reaktormaterialien".

Teil 3 behandelt die „Mechanischen Eigenschaften": *D. McLean* (Teddington): Einführung (ca. 65 S.) in die „Bruchmechanik", *N. Laws* (Cranfield): „Das elastische Verhalten von Verbundwerkstoffen"; *G. Cagliotti* und *C. E. Bottoni* (Mailand): „Gitterdynamik und thermoviskoelastischer Effekt".

Teil 4 ist den Metallen und Legierungen gewidmet: Betitelt „Struktur und Kohäsion der Übergangsmetalle und -legierungen" behandelt *F. Gautier* (Straßburg) Probleme der Bandstruktur und daraus ableitbare makroskopische, insbes. ferromagnetische Eigenschaften. *D. Gignoux* und *D. Givord* (Grenoble) erörtern den „Metallischen Magnetismus in Seltenerd-Legierungen" sowie *B. T. Matthias* (La Jolla/Calif.) und *P. R. Stein* (Los Alamos) „Supraleitende Materialien".

Teil 5 beinhaltet „Halbleiter und Halbleiterbauelemente": *E. Tosatti* (Triest) bringt eine aktuelle Bibliographie, betreffend „Energiebänder in Halbleitern", *C. Hilsum* (Malvern/Worcs.) erörtert „Halbleitermaterialien" und *C. Haas* (Croningen) „Magnetische Halbleiter". *I. Przystawa* (Wrocław) behandelt sog. „Modulierte Strukturen" der verschiedensten Kristallsysteme (eindimensionale Leiter; zweidimensionale Monolayer, Ferroelektrika, magnetische Materialien). Mit „Halbleiterbauelementen" befaßt sich *A. Frova* (Rom)und mit „Optoelektronischen Bauelementen und Materialien" *A. J. Schmidt* (Wien).

Schließlich werden im Teil 6 „Amorphe Materialien und Superionenleiter" behandelt mit Beiträgen von *W. A. Spear* (Dundee) „Elektronische Eigenschaften amorpher Halbleiter", *J. F. Sadoc* (Orsay) „Amorphe Materialien" (amorphe Halbleiter und amorphe metallische Legierungen) und *I. Z. Kostadinov* (Sofia) „Theorie fehlgeordneter Materialien".

Den Band beschließen die Vorträge des erwähnten aktuellen „Symposiums über Klassische Flüssigkeiten" mit einer Einführung „Ivar Waller" durch *S. Lundqvist* sowie Beiträgen von *S. Bratos* und *G. Tarjus* (Paris) „Optische Methoden zur Untersuchung der molekularen Dynamik von Flüssigkeiten", *P. Schofield* (Harwell) „Fortschritte in der Theorie einfacher Flüssigkeiten", *A. Sjölander* (Göteborg) „Dynamik einfacher Flüssigkeiten", *J. R. D. Copley* (Grenoble) „Neutronenstreuung in Flüssigkeiten", *T. E. Faber* (Cambridge) „Paar-Potentiale in flüssigen Metallen" und *M. Parinello* (Triest) „Statische und dynamische Eigenschaften geschmolzener Salze".

Das Werk ist eine komprimierte Einführung in das breit gefächerte Gebiet „Material science", es gibt einen Überblick über Stand, Trends sowie aktuelle Probleme der behandelten Arbeitsrichtungen, und es ist mit z. T. reichhaltig angelegten Bibliographien ausgestattet. Es ist all jenen mit Festkörperphysik bzw. Werkstoffwissenschaften Befaßten zu empfehlen, die sich einen raschen Überblick sowohl über Grundlagen als auch über aktuell bearbeitete Fragestellungen verschaffen wollen.

D. Schulze

ing a radiometric method. The values extrapolated for infinite dilution were found to be for:

$[Ag(CN)_2]^- = 5{,}4 \pm 0{\cdot}1 \cdot 10^{-4}\ cm^2\ s^{-1}\ v^{-1}$

$[Ag(NO_3)_2]^+ = 5{,}8 \pm 0{\cdot}1 \cdot 10^{-4}\ cm^2\ s^{-1}\ v^{-1}$

$Ag(S_2O_3)_2]^{3-} = 9{\cdot}0 \pm 0{\cdot}1 \cdot 10^{-4}\ cm^2\ s^{-1}\ v^{-1}$

First investigations on ion mobility of the Ag^{2+} cation in $K_2S_2O_8$ solutions (concentration ranging from $1 \cdot 10^{-3}$ to $1 \cdot 10^{-2}$ M $K_2S_2O_8$) yielded for $W_\infty = 6{\cdot}10 \pm 0{\cdot}10 \cdot 10^{-4}\ cm^2\ s^{-1}\ v^{-1}$. The value is in good correspondence with the data known for cations of the Me^{2+} type.

определялась подвижность ионов координационных соединений серебра. Экстраполированные применительно к бесконечному разбавлению величины составляют для:

$[Ag(CN)_2]^- = 5{,}4 \pm 0{,}1 \quad 10^{-4}\ cm^2\ s^{-1}\ v^{-1}$

$[Ag(NH_3)_2]^+ = 5{,}8 \pm 0{,}1 \quad 10^{-4}\ cm^2\ s^{-1}\ v^{-1}$

$[Ag(S_2O_3)_2]^{3-} = 9{,}0 \pm 0{,}1 \cdot 10^{-4}\ cm^2\ s^{-1}\ v^{-1}$

Первые исследования по подвижности ионов катиона Ag^{2+} в растворах $K_2S_2O_8$ (диапазон концентрации $1 \cdot 10^{-3}$ до $1 \quad 10^{-2}$ M $K_2S_2O_8$ дали для $W_\infty = 6{,}10 \pm 0{,}10 \quad 10^{-4}$/ $см^2\ сек^{-1}\ v^{-1}$). Величина находится в хорошем соответствии с известными по катионам типа Me^{2+} данными.

F. Abou El-Nour, N. Belacy

Supported Nickel-Cobalt Oxide Catalysts for the Isotopic Exchange of Deuterium between Hydrogen and Water Vapour (*in English*)

Isotopenpraxis **17** (1981) No. 7, p. 285
– Fig., 1 Tab., 7 Ref.

The specific catalytic activity of supported nickel-cobalt(II) oxide catalysts for the isotopic exchange of deuterium between hydrogen and water in the vapour phase was tested. The specific surface area of the catalysts was evaluated by nitrogen adsorption at $-195{\cdot}8$ °C and application of the BET-equation. The specific metallic surface area for these catalysts was carried out at liquid nitrogen temperature by hydrogen adsorption. Comparison between the specific activity of the catalysts and the specific surface area and specific metallic surface area was made. The results of this study indicated that nickel catalysts supported with 15 – 20 mole% CoO exhibit a relatively high catalytic activity for the isotopic exchange reaction between hydrogen and water vapour, high specific surface area and high specific metallic surface area.

Ф. Абу Эль-Нур, Н. Белачи

Катализаторы с носителем на никель-кобальтовой окиси для обмена изотопов дейтерия между водородом и водяным паром (*на англ. языке*)

Isotopenpraxis **17** (1981) вып. 7, стр. 285
– рис., 1 табл., 7 лит.

Обследовалась удельная каталитическая активность катализаторов с носителем на никель-кобальтовой (II) окиси применительно к обмену изотопов дейтерия между водородом и водой в газовой фазе. Путем адсорбции азота при $-195{,}8$°C с применением уравнения БЭТ была определена удельная поверхность катализаторов. Удельная металлическая поверхность данных катализаторов была установлена методом адсорбции водорода при температуре жидкого азота. Были сопоставлены удельные активности катализаторов, удельная поверхность и удельная металлическая поверхность их. Результаты данных исследований указывают на то, что никелевые катализаторы с 15 – 20 моль – % CoO в качестве носителя имеют относительно высокую каталитическую активность в отношении реакции обмена изотопов между водородом и водяным паром, большую удельную поверхность и большую удельную металлическую поверхность.

H. Vocke, L. Naschke, L. Dewitz

Problems of Non-Isotopic Labelling of Polymer Melts

Isotopenpraxis **17** (1981) No. 7, p. 286 to 290
4 Fig., 1 Tab., 10 Ref.

Problems are presented related to the choice of radiochemical compounds, issues of health physics and the interpretation of experimental residence-time distributions with non-isotopic labelling of polymer melts, performed in order to study residence time in industrial polycondensation reactors and extrusion spinning plants for the production of chemical fibres from Polyamid-6 and polyethylene terephthalate. Hitherto used techniques for non-isotopic labelling of these polymer melts are estimated.

Х. Фокке, Л. Нашке, В. Девитц

Проблемы неизотопного мечения сплавов полимеров

Isotopenpraxis **17** (1981) вып. 7, стр. 286 до 290
4 рис., 1 табл., 10 лит.

Излагаются проблемы выбора радиохимических соединений, радиологической защиты и интерпретации экспериментальных распределений времен пребывания в связи с неизотопным мечением сплавов полимеров в целях выполнения исследования на промышленных поликонденсационных реакторах и экструзионных прядильных установок для изготовления химического волокна из полиамида-6 и полиэтилентерефталата времен пребывания. Оцениваются применяемые до сих пор способы неизотопного мечения данных сплавов полимеров.

Ľ. Mráz, N. Stollárová

Distribution of ^{131}J in Mice after Single Dose X-Ray Exposure of 0·21 C/kg

Isotopenpraxis **17** (1981) No. 7, p. 290 to 292
4 Fig., – Tab., 10 Ref.

The distribution of ^{131}I in mice from 0·5 to 24 hours after single dose x-ray irradiation (0·21 C/kg) with radioiodine application in two different intervals after exposure – 2 hours for group T_2 and 18 hours for group T_{18} – was followed. The radioiodine distribution differences in control and experimental groups of animals give the evidence of pathophysiological changes in organs originated after exposure to ionizing irradiation.

Л. Мраз, Н. Столларова

Дистрибуция ^{131}I у мышей после острого облучения рентгеновскими лучами 0,21 *С/кг*

Isotopenpraxis **17** (1981) вып. 7, стр. 290 до 292
4 рис., – табл., 10 лит.

Мы исследовали дистрибуцию ^{131}I в интервале от 1/2 – 24 часов после острого облучения рентгеновскими лучами 0,21 *С/кг*, причем радиойод был введен в двух интервалах после облучения, 2 часа – группа T_2 и 18 часов – группа T_{18}. Разницы в дистрибуции радиойода в контрольных и экспериментальных группах животных указывают на патофизиологические изменения органов, которые возникают после облучения.

T. Szabova, E. Mišúrová, A. Dudová

The Impact of X Radiation on the Synthesis and the Content of Nucleic Acids in Rat Liver, Brain, and Thymus (*in Russian*)

Isotopenpraxis **17** (1981) No. 7, p. 293 to 296
9 Fig., – Tab., 15 Ref.

The quantitative modifications of nucleic acids and the incorporation of ^{3}H thymidine and of ^{14}C orotic acid into rat liver, brain and thymus have been investigated in vivo during 7 days after a single-dose irradiation with 154 8 mC/kg (600 R). It was found that the radiation did not cause any marked changes in the brain, and that the changes in the liver were not significant. In the thymus as one of the radiosensitive organs, the content of DNA and RNA was reduced in irradiated animals during

Т. Сабова, Е. Мишурова, А. Дудова

Влияние рентгеновского облучения на синтез и содержание нуклеиновых кислот в печени, головном мозге и тимусе крыс (*на русск. языке*)

Isotopenpraxis **17** (1981) вып. 7, стр. 293 до 296
9 рис., – табл., 15 лит.

Исследовались количественные изменения нуклеиновых кислот и включение ^{3}H-тимидина и ^{14}C-оротовой кислоты ,,in vivo,, в печени, мозге и тимусе крыс в течение 7 дней после однократного облучения в дозе 154,8 *мС/кг* (600 Р). Было определено, что излучение не вызывало никаких выразительных изменений в мозге, а в печени не вызывало никаких выразительных изменений в мозге, а в печени было

the whole experiment, while the synthesis of nucleic acids, especially of DNA, was inhibited for a limited period. The incorporation of radioactive precursors was gradually increasing to arrive at a maximum in the 48th hour for RNA, and in the 72nd hour for DNA. The results presented confirm the dependence of the extent of damage from the proliferative activity of tissues, and suggest a correlation between DNA concentration and the radiation effect.

большинство приведенных показателей несигнификантно. В тимусе, как в одном из радиочувствительных органов, содержание ДНК и РНК у облученных животных было в течение всего эксперимента понижено, а синтез нуклеиновых кислот — в основном ДНК — был временно угнетен. Включение радиоактивных предшественников постепенно повышалось с максимумом на 48-ой час в РНК и на 72-ой час в ДНК. Приведенные результаты подтверждают зависимость объема повреждений от пролиферативной активности тканей и указывают на отношение между концентрацией ДНК и эффектом облучения.

Letters to the Editor

Z. Hölgye

The Possibility of the Use of Coprecipitation with Lanthanum Fluoride for Preparation of Samples for Alpha-Spectrometric Determination of Plutonium (*in English*)

Isotopenpraxis 17 (1981) No. 7, p. 297 to 298
1 Fig., 1 Tab., 6 Ref.

Information

Isotopenpraxis 17 (1981) No. 7, p. 298 to 299

New Books

Isotopenpraxis 17 (1981) No. 7, p. 300

Письма в редакцию

Ц. Хельде

Возможность использования процесса соосаждения со фторидом лантана для получения образцов для альфа-спектрометрического определения плутония (*на англ. языке*)

Isotopenpraxis 17 (1981) вып. 7, стр. 297 до 298
1 рис., 1 табл., 6 лит.

Новости

Isotopenpraxis 17 (1981) вып. 7, стр. 298 до 299

Новая литература

Isotopenpraxis 17 (1981) вып. 7, стр. 300

(Fortsetzung des Inhaltsverzeichnisses)

T. Szabova, E. Mišurová, A. Dudová

Einfluß der Röntgenstrahlung auf die Synthese und den Gehalt an Nukleinsäuren in Leber, Hirn und Thymus von Ratten (*in Russisch*)

Isotopenpraxis 17 (1981) H. 7, S. 293 bis 296
9 Abb., — Tab., 15 Lit.

Die quantitativen Veränderungen der Nukleinsäuren und der Einbau von ^{3}H-Thymidin und ^{14}C-Orotsäure in Leber, Hirn und Thymus von Ratten wurden im Verlaufe von 7 Tagen nach einer einmaligen Bestrahlung mit einer Dosis von 154,8 mC/kg (600 R) in vivo untersucht. Es wurde festgestellt, daß die Strahlung im Hirn keine ausgeprägten Veränderungen hervorgerufen hatte und daß die Veränderungen in der Leber meist unbedeutend waren. Im Thymus als einem der strahlungsempfindlichen Organe war bei den bestrahlten Tieren der Gehalt an DNS und RNS während des gesamten Versuchs verringert; die Nukleinsäuresynthese — insbesondere die Synthese von DNS — war zeitweilig gehemmt. Der Einbau radioaktiver Vorstufen verstärkte sich allmählich und erreichte ein Maximum in der 48. Stunde bei RNS und in der 72. Stunde bei DNS. Die angeführten Ergebnisse bestätigen die Abhängigkeit des Umfanges der Schäden von der Proliferationsaktivität der Gewebe und deuten auf eine Beziehung zwischen der DNS-Konzentration und dem Bestrahlungseffekt hin.

Kurze Originalmitteilungen

Z. Hölgye

Die Möglichkeit des Einsatzes der Mitfällung mit Lanthan-Fluorid zur Herstellung von Proben für die alpha-spektrometrische Bestimmung von Plutonium (*in Englisch*)

Isotopenpraxis 17 (1981) H. 7, S. 297 bis 298
1 Abb., 1 Tab., 6 Lit.

Informationen

Isotopenpraxis 17 (1981) H. 7, S. 298 bis 299

Buchbesprechungen

Isotopenpraxis 17 (1981) H. 7, S. 300

Zur Leipziger Messe
im Bugra-Messehaus
Ein umfangreiches Programm nuklear-medizinischer Verfahren
FUNKTIONS-
UND LOKALISATIONSDIAGNOSTIK
THERAPIE
MESSTECHNIK
Nuklearpharmaka
Reagenziensätze in vitro
99m Tc-Sterilgenerator
113 m In-Sterilgenerator
Markierungssätze
Radioaktive Flächen- und Spezialpräparate
isocommerz
GmbH · Binnen- und Außenhandelsunternehmen
für radioaktive und stabile Isotope
DDR – 1115 Berlin, Lindenberger Weg 70
Deutsche Demokratische Republik

Contents of this Issue

Articles

Letters to the Editor